PENSANDO COMO UM FILÓSOFO

PENSANDO
COMO UM
FILÓSOFO

DANIEL SMITH

Tradução de
Rodrigo Oliveira

Título original: *How to think like a Philosopher*
Publicado originalmente na Grã-Bretanha em 2021 por Michael O'Mara Books Limited.

Rua Vico Costa, 54, Cidade Nova
Caxias do Sul - RS - 95112-095
sac@culturama.com.br
www.culturama.com.br
(54) 3027.3827

Diretor-geral: Fabio Hoffmann
Gerente estratégica: Juliana Corso Thomaz
Gerente editorial: Naihobi Steinmetz Rodrigues
Editora: Sabrina Didoné
Tradução: Rodrigo Oliveira
Crédito da imagem de capa: Markara / Kay Cee Lens and Footages via Shutterstock
Design de capa: Natasha Le Coultre
Projeto gráfico: Envy Design Ltd
Adaptação de capa e diagramação: Saavedra Edições
Revisão ortográfica e técnica: Sérgio Figueiredo e Leonardo Porto Passos

Dados Internacionais de Catalogação na Publicação (CIP)
(Câmara Brasileira do Livro, SP, Brasil)

Eliete Marques da Silva — Bibliotecária — CRB-8/9380

Smith, Daniel
Pensando como um filósofo / Daniel Smith ;
tradução de Rodrigo Oliveira. – Caxias do Sul :
Culturama, 2022.

Título original: How to think like a Philosopher
ISBN 978-65-5524-634-6

1. Filosofia 2. Filosofia – Teoria 3. Filósofos – História I. Título.

22-105464 CDD-101

Índice para catálogo sistemático:

1. Filosofia : Teoria 101

Grafia atualizada seguindo o novo Acordo Ortográfico da Língua Portuguesa.

Para Charlotte e Ben

SUMÁRIO

INTRODUÇÃO 9

PARTE I: METAFÍSICA 17

A VIDA, O UNIVERSO E TUDO MAIS 18

DEU BRANCO 23

SOBRE BOAS FORMAS 28

MATÉRIA É MATERIAL 33

UMA SOLUÇÃO IDEAL 38

FALE A VERDADE 44

O ENIGMA DEUS 50

VOCÊ DECIDE? 59

PARTE II: EPISTEMOLOGIA 64

NÃO É O QUE VOCÊ SABE, É COMO VOCÊ SABE 65

SAIBA QUE VOCÊ NÃO SABE TUDO 70

NA CONVERSA 76

LIGANDO OS PONTOS 82

VOCÊ NÃO ACHA MESMO ISSO, ACHA? 86

NADA SUPERA A EXPERIÊNCIA 91
TUDO NA MENTE 97
A APLICAÇÃO DA CIÊNCIA 102
ENCONTRE UMA SOLUÇÃO LÓGICA 108
RESULTADOS CONTAM 113
O COPO MEIO CHEIO E MEIO VAZIO 118
FAÇA VOCÊ MESMO 123

PARTE III: ÉTICA 128

FAÇA A COISA CERTA 129
A MARCA DA BONDADE 133
O PADRÃO OURO 138
COMECE POR SI MESMO 144
SIGA O FLUXO 149
A FELICIDADE NÃO SE COMPRA 154
EQUILIBRANDO A BALANÇA 159
FAÇA O QUE FOR NECESSÁRIO 166
A VIDA É BELA 171

PENSANDO À FRENTE: FILOSOFIA PRÁTICA 179

Introdução

"Filosofia: o amor, o estudo ou a busca da sabedoria, da verdade ou do conhecimento."

DICIONÁRIO OXFORD (2020)

"A filosofia, se não pode responder a todas as perguntas como desejaríamos que respondesse, tem pelo menos o poder de propor questões que tornam o mundo muito mais interessante e revelam o que há de estranho e maravilhoso por trás até mesmo das coisas mais vulgares da vida cotidiana."[1]

BERTRAND RUSSEL,
OS PROBLEMAS DA FILOSOFIA (1912)

1 Oxford University Press, 2005. (N.T.)

O *Dicionário Oxford* tem nada menos do que nove grandes definições do que é filosofia. O mínimo que esse fato nos mostra é o quão vasta e complexa é essa disciplina. O que, por exemplo, diferencia um filósofo de outras pessoas com um fluxo de ideias constante na cabeça?

Você preferiria ser um leão ou um tubarão? É uma daquelas perguntas que às vezes as pessoas gostam de fazer, sabendo que não há resposta "certa" ou "errada". Normalmente, uma pergunta assim é colocada com mais intenções do que simplesmente matar o tempo, talvez para exibir algum conhecimento específico sobre as capacidades de luta que uma espécie teria de vantagem sobre a outra. Talvez haja a chance de explorar alguma referência à cultura pop — poxa, *Tubarão* é um filme infinitamente mais perturbador do que *O Rei Leão.* Na maioria das vezes, não há um grande desejo de chegar a alguma nova verdade ou conhecimento. Mas e se você levasse a questão a sério, ruminando quanto à mortalidade do ser ou o papel da humanidade na ordem natural das coisas? Por que o homem parece sentir a necessidade de testar a si mesmo contra outras espécies? O que seria considerado um resultado justo e equilibrado? Um embate como esse poderia se tornar realidade? Esses questionamentos podem vir a resultar em algumas ideias bem interessantes sobre você e o mundo ao seu redor. Então, caro leitor, comece a considerar a si mesmo como um filósofo.

De certo modo, é mais fácil dizer o que a filosofia não é. Não é uma "arte", em que se permite que a imaginação flua sem ser restringida pela necessidade de justificar a si mesma sob qualquer aspecto que não seja o quão agradável é o resultado. Não é uma "ciência", já que, ainda que uma tese de filosofia precise ter suas raízes em algum tipo de base racional, a "prova" necessária é diferente do que a ciência costuma exigir. E não é uma "religião", pois religiões costumam pressupor um nível inerente de fé que vai além do que estamos preparados para aceitar na filosofia. Porém, muitos pontos da filosofia acabam coincidindo com arte, ciência e religião. Afinal, todos são campos unidos pelo desejo de entender o mundo.

Todos nós, até certo ponto, lidamos com filosofia todos os dias. Mesmo um ato tão comum quanto o modo como atravessamos a rua reflete uma postura diante da vida. Você atravessa a rua sem olhar ou espera que se forme um certo trânsito para correr entre os carros? Ou é mais cuidadoso e espera pelo sinalzinho verde mesmo quando sabe que a rua está livre? Cada método evidencia uma atitude com relação à vida, ao risco, o que consideramos importante e razoável, e talvez até revele o que pensamos sobre a morte de Deus.

Então todos somos um pouco filósofos. A questão é que o filósofo profissional (como costumava ser) passa mais tempo contemplando conscientemente a vida em busca de um maior conhecimento e uma maior sabedoria. E é um processo lento. Se datarmos a disciplina formal da filosofia como sendo originada na Grécia antiga, há 2.500 anos ou mais, continuamos como peregrinos seguindo o caminho, com o objetivo do conhecimento e da sabedoria totais ainda muito além do horizonte — se é que está lá de verdade. Mas, como sugere a frase de Bertrand Russell nesta introdução, o caminho a ser trilhado é deveras mais importante do que o destino a ser alcançado (em seu malicioso *Dicionário do Diabo,* de 1911, Ambrose Bierce definiu filosofia como "uma rota de muitos caminhos, que levam do nada a lugar nenhum"). Ainda que não cheguemos a todas as respostas corretas, o que aprendemos no processo de investigação é valioso por si só.

Como ilustra este livro, a filosofia é, notadamente, algo que se constrói muito mais pela divergência de opiniões do que pelo consenso. Alguns dos maiores pensadores da história nesse campo tinham pontos de vista totalmente opostos (William James, uma figura-chave no pragmatismo filosófico, disse que "só há uma coisa que se confiar que um filósofo fará: contradizer outros filósofos"). Ainda assim, cada uma das visões dos pensadores traz uma contribuição absolutamente válida para o aumento do conhecimento humano. A ideia, porém, de que podemos treinar a nós mesmos a pensar como um filósofo multifacetado e ideal é errônea. Em vez disso, este livro tem três objetivos:

- Explorar as formas pelas quais o filósofo aborda o dilema de qual seria o melhor modo de expandir conhecimento e sabedoria;
- Investigar algumas das estratégias intelectuais adotadas;
- Escavar teorias específicas que, ao longo dos milênios, influenciaram o progresso da filosofia.

Para facilitar a navegação nesse tema tão monumental, dividi o livro em três grandes áreas: Metafísica (a natureza da existência), Epistemologia (o estudo da natureza do conhecimento em si) e Ética (a moralidade do comportamento). Evidentemente, nenhum livro conseguiria nem sequer começar a fornecer algo próximo de uma visão panorâmica de toda a filosofia. Todavia, espero que este possa dar uma pincelada geral em muitas das questões que um filósofo deve ter em mente, assim como várias das mais importantes linhas de pensamento.

No caminho, encontraremos uma ampla e variada seleção de alguns dos mais celebrados filósofos que já viveram e daremos uma olhadela em algumas das ideias que os inspiraram, intrigaram e às vezes até os confundiram (como diz a citação apócrifa atribuída a G.W.F. Hegel, "só um homem já me entendeu, e ele não me compreendeu"). Também exploraremos grandes escolas de pensamento filosófico, do idealismo e materialismo ao epicurismo e absurdismo — sim, pode se preparar para um monte de "ismos"!

Tornar-se um filósofo não tem nada a ver com tirar boas notas nos exames ou mesmo ser capaz de entediar completamente seus amigos e conhecidos falando sobre como, sei lá, todos somos parte do sonho de um gigante ou que vivemos no casco de uma tartaruga cósmica. A questão toda é um desejo de entender mais do que entendemos agora, sabendo que podemos acabar sentindo que entendemos menos. O caminho é longo e o progresso é gradual. O grande filósofo do século XX, Ludwig Wittgenstein, resumiu muito bem a batalha quando disse que "a filosofia é como tentar abrir um cofre trancado por combinação:

cada clique no ajuste do mecanismo parece não ter qualquer resultado — apenas quando tudo está em seu devido lugar, a porta se abre".

A palavra *filosofia* é derivada do grego antigo e significa "amor pela sabedoria". Parece apropriado. É *mesmo* algo a ser acolhido, empreendido com amor. E quando o caso de amor ficar um tanto complicado e você começar a ter dúvidas se a filosofia é o que realmente quer, continue com ela, demonstre paciência e carinho e provavelmente descobrirá que o que você investe no relacionamento é pago com juros. Às vezes, a filosofia pode ser algo árduo, frustrante e decepcionante, mas, no fim, ela é magnífica. Nas palavras de Henri de Saint-Simon, na obra *Mémoire sur la science de l'homme* (*Dissertação sobre a Ciência do Homem*, 1813, sem tradução conhecida para o português):

> O filósofo coloca a si mesmo no cume do pensamento, de onde observa o que o mundo tem sido e o que deve se tornar. Ele não é apenas um observador, é um ator — um ator da mais elevada estirpe...

UMA OBSERVAÇÃO: ONDE ESTÃO AS MULHERES?

"Deve haver mais igualdade estabelecida na sociedade, ou a moralidade jamais ganhará terreno, e essa virtuosa igualdade não terá firmeza, mesmo quando fincada na rocha, se metade da humanidade for acorrentada ao fundo pelo destino, pois estará continuamente minada por ignorância ou orgulho."

MARY WOLLSTONECRAFT,
***REIVINDICAÇÃO DOS DIREITOS DA MULHER* (1792)**

Antes de embarcarmos em nossa jornada, há um elefante filosófico na sala que precisa ser discutido. Então façamos isso agora.

Este livro é uma tentativa de colocar muita coisa em um número aceitável de páginas. Trata-se de um esforço para encapsular uma boa quantidade de pensamento filosófico estabelecido ao longo de mais de dois milênios e meio. Pode se chamar "Os Maiores Sucessos da Filosofia", se preferir (e me desculpe se sua música favorita não tiver entrado na *playlist*).

Nesta tarefa, algo é inescapável: a maioria das vozes que reverberaram nesse longo período pertence a homens. É comum que a filosofia pareça um "clube do bolinha". Durante boa parte da história, as mulheres foram excluídas das instituições acadêmicas e sociais que governavam a disciplina e que decidiam quais vozes seriam ouvidas.

Quem saiu perdendo, sem dúvida, foi a filosofia. Se mais mulheres tivessem sido encorajadas a trazer suas experiências de mundo, quão mais rica poderia ser a filosofia. Em vez disso, ela foi filtrada praticamente por um único que sexo, que em geral, pouco se esforçou para entender como a visão de mundo pode ser alterada pelo prisma da feminilidade, com suas distintas características sociais, biológicas e psicológicas.

Surpreendentemente, algumas mulheres conseguiram furar os bloqueios, mesmo nos tempos mais antigos. Entre as notáveis exceções, estão Maitreyi, filósofa indiana do século VIII antes de Cristo (a.C.), e Hipárquia de Maroneia, filósofa grega do século IV a.C., adepta do cinismo, e sua contemporânea, Areta de Cirene, que supostamente sucedeu seu pai na liderança da Escola de Cirene. Há também Hipátia, que viveu no Egito nos séculos IV e V depois de Cristo (d.C.), uma célebre polímata e expoente do pensamento neoplatônico que, dizem, foi linchada em meio a um conflito inter-religioso. Uma das observações que ela teria feito é esta: "Preserve seu direito de pensar, pois até pensar errado é melhor do que não pensar". Avançando até o século XII, chegamos à abadessa beneditina alemã — e uma das primeiras defensoras da abordagem científica da história natural — Hildegarda de Bingen. A ela são atribuídas as seguintes palavras:

> Não podemos viver em um mundo que não é nosso, em um mundo que é interpretado para nós pelo outro. Um mundo interpretado não é um lar. Parte do pavor é recuperar nossa própria audição, usar nossa própria voz, ver nossa própria luz.

Essas mulheres, no entanto, são exceções. E as coisas não melhoraram muito desde então, mesmo com o iluminismo. Nos anos 1740, por exemplo, Immanuel Kant dedicou um de seus primeiros trabalhos à filósofa Émilie du Châtelet, agora praticamente perdida na história. Ao fim do século XVIII, Mary Wollstonecraft concebia argumentos convincentes para uma maior inclusão feminina na educação, baseada na ideia de que o "conhecimento" não pode ser considerado completo quando ignora as experiências de metade da população. Mas o progresso foi dolorosamente lento. Foi só no meio do século passado que algo semelhante a uma integração das mulheres na filosofia veio a acontecer. Ainda hoje, a "filosofia feminista" (que não é uma bandeira satisfatória para a gama de ideias que as filósofas podem representar) pode parecer marginalizada, um ramo menor da disciplina da qual deveria ser um componente integral e rotineiro. Simone de Beauvoir, por exemplo, na maioria das vezes, é levada em conta como um adendo de seu companheiro, Jean-Paul Sartre.

Mas pelo menos Beauvoir está o mais próximo possível de ser um grande nome da filosofia. Além disso, ela ajudou a abrir caminho para que outras mulheres ganhassem um pouco da atenção e do respeito que merecem. Pensadoras como Hannah Arendt, Júlia Kristeva, Judith Butler, G.E.M. Anscombe e Susan Haack alcançaram um nível sem precedente de aceitação entre o grande público como filósofas, buscando um caminho para a terra prometida na qual possam ser vistas simplesmente como filósofas que por acaso também são mulheres.

Na grande panorâmica da filosofia que este livro representa, essas desbravadoras podem parecer relegadas a papeis menores. Esta é uma história construída durante alguns milhares de anos e só acaba nos últimos setenta, em que as condições sociais se abriram para que as mulheres pudessem começar a escalar torres de marfim e quebrar tetos de vidro. Um "viva" para isso. Agora vá atrás dos trabalhos de algumas das mulheres mencionadas aqui, pois são a chave para um tesouro. E se você é uma leitora com interesse em filosofia, saiba que a filosofia precisa de você.

PARTE I:

Metafísica

A VIDA, O UNIVERSO E TUDO MAIS

"Os homens começaram a filosofar por causa da admiração, tanto no início como agora."

ARISTÓTELES, *METAFÍSICA* (350 A.C.)

Quando se utiliza a popular imagem do filósofo como um velho enrugado coçando o próprio queixo de maneira contemplativa, aos moldes do *Pensador* de Rodin, podemos presumir que ele está refletindo sobre alguma grande questão metafísica. Então, esse parece um bom lugar para começarmos nossa investigação da mente do filósofo.

A metafísica é um ramo da filosofia que observa os reais princípios das coisas. Isso significa que seu tema é a natureza da existência e do ser: a vida, o universo e tudo mais. Ela lida com ideias cascudas e abstratas como tempo e espaço, conhecimento, sabedoria, verdade, realidade e identidade. Faz algumas das maiores perguntas de todas: qual é a natureza da realidade? O mundo existe externamente ou está contido na mente humana? Do que é feito o cosmo? E de onde veio isso? Existe um deus? Se não, o que existe em seu lugar? O universo existe de acordo com um plano ou seria puro acaso? Todas essas questões, e muitas outras além dessas, tornam a metafísica o que Aristóteles chamou de "primeira filosofia".

Quando se trata de metafísica, Aristóteles é, literal e figurativamente, o mestre do assunto. Ele mesmo não utilizou o termo, que parece ter sido adotado no século primeiro d.C. como título de uma coleção de seus textos — que rapidamente se tornou aceito como um dos principais da filosofia. Aristóteles disse:

> Os homens começaram a filosofar por causa da admiração, tanto no início como agora. Admiravam originalmente as dificuldades óbvias, avançaram aos poucos, incluindo temas mais elevados, como o fenômeno da lua, do sol e das estrelas, e quanto à gênese do universo. E um homem perplexo e admirado pode se julgar ignorante (por isso, mesmo aquele que ama o mito é um amante da sabedoria,

em certo sentido, pois o mito é composto por coisas admiráveis). Portanto, já que filosofavam para fugir da ignorância, evidentemente buscavam a ciência pelo saber, não por sua utilidade.

O modelo aristotélico de metafísica é composto de três grandes ramos que persistem até hoje:

- **Ontologia**, que aborda questões da existência e do ser. Ela pergunta como podemos classificar as coisas e investiga a natureza das entidades (incluindo a natureza da mudança) e assuntos como a "realidade" ser uma verdade física ou mental.
- **Teologia natural**, que se preocupa mais com questões teológicas e espirituais, tais como a criação do cosmo, a existência de uma deidade e sua aparência.
- **Ciência universal**, algo como uma "introdução à ciência", que apresenta os princípios básicos de áreas como a lógica — o que não quer dizer que as perguntas e suas respostas sejam fáceis! (por exemplo, se aceitarmos que o universo é uma entidade física localizada no espaço, onde estão seu início e seu fim?).

A metafísica não é uma matéria para quem gosta de respostas rápidas e certeza inabalável, ou que não goste da ausência de "fatos" sem controvérsias. Como dizia Aristóteles:

> A investigação da verdade é por um lado difícil e por outro fácil. Um sinal disso se encontra no fato de que ninguém é capaz de alcançar a verdade de modo adequado, enquanto, por outro lado, ninguém erra por completo. Mas todos dizem algo de verdadeiro quanto à natureza de todas as coisas. E ainda que individualmente contribuam muito pouco ou em nada para com a verdade, na união de todos uma quantia considerável [de verdade] é acumulada.

Qualquer um que entre na metafísica deve estar pronto para questionar suas próprias suposições. Metafísicos têm que estar preparados para *não* saber tanto quanto precisam estar preparados para saber. De fato, algumas das maiores mentes filosóficas tiveram seus problemas com a metafísica por causa da propensão dela em criar mais dúvidas do que certeza. Por exemplo, David Hume (1711-1776) estava longe de ser afeito à metafísica clássica, que chamava de "escola metafísica". Sua má vontade se devia em parte ao fato de que ele a considerava especulativa demais, pois conjurava teorias que raramente se apoiavam em experimentos ou racionalização matemática. "Que seja jogada no fogo", disse ele, "pois contém nada além de sofisma e ilusão". A visão de Hume chegou a muitos dos pensadores do nosso tempo, os quais preferem buscar provas científicas verificáveis para cada afirmação. Immanuel Kant (1724-1804) foi além e concluiu que a metafísica é algo incognoscível [que não pode ser conhecida], dadas as capacidades da mente humana. Ele descreveu a disciplina como "a antinomia [uma contradição aparentemente sem solução] da racionalização pura", sugerindo que "a própria natureza parece ter se organizado para barrar as audazes pretensões da razão e para compelir esta ao autoexame".

É correto reconhecer que a metafísica é bastante problemática e certamente "acientífica". Mas a intenção não é depreciar ou subestimar sua importância. Porque, ainda que seja aparentemente impossível (pelo menos por enquanto) projetar um experimento que prove categoricamente as condições imediatamente anteriores à criação do cosmo, teorizar quanto a isso está longe de ser inútil. Nem especular quanto a sermos ou não sujeitos a uma influência divina. Precisamos aceitar a existência de coisas das quais não temos certeza, mas isso não quer dizer que a contemplação de tais questões não contribui para o crescimento do nosso conhecimento de nós mesmos e do mundo. Na verdade, mesmo que se aceite que algumas dessas "grandes questões" provavelmente nunca serão provadas em um experimento, podemos afirmar sermos realmente humanos caso simplesmente venhamos a ignorá-las?

Nos próximos capítulos, portanto, demonstraremos uma variedade enorme de pensamentos metafísicos, atravessando épocas a partir dos gigantes da Grécia antiga (encabeçados pelo triunvirato Sócrates, Platão e Aristóteles) até a idade contemporânea. Observaremos a natureza da realidade. Será que você se descobrirá um materialista, que acredita que a realidade é um ente físico? Ou que é um idealista, concluindo que a realidade é uma criação da mente humana? Que papel você atribui à divindade? Ou será que acabará considerando que, na verdade, a linguagem tem um papel mais vital que o de deus na construção do nosso universo?

Ficará ao lado dos monistas, que acreditam que um conjunto unificado de leis a tudo sustenta e que há um único tipo de alicerce sobre o qual tudo é construído? Ou será mais simpático aos dualistas, que aceitam duas variedades de realidade — a material e a imaterial (esta última geralmente caracterizada como mental ou espiritual na essência)? Ou talvez com os pluralistas, que aprovam a ideia de que pode haver múltiplas substâncias ou princípios dos quais o universo é constituído? E quanto impacto tem isso no nosso mundo? Somos agentes ativos da mudança ou observadores desprovidos de poder?

Um dos prazeres da metafísica é que você não precisa se decidir de verdade. A questão não está relacionada a tomar um lado, mas quanto a explorar possibilidades. Uma das grandes obras de arte da Renascença é o afresco de Rafael, no Vaticano, que retrata a "Escola de Atenas". Nele, Platão aponta para o céu, denotando que acreditava em um reino alternativo invisível em que reside a realidade. Aristóteles, em contraste, aponta para a Terra, onde reside sua concepção de realidade. Sem dúvida, Rafael tentou expressar que grandes mentes não precisam concordar. O processo, de muitos modos, importa mais do que a conclusão. Como Robert C. Koons e Timothy H. Pickavance apontam em *Metaphysics: The Fundamentals* (*Os Fundamentos da Metafísica*, 2015, sem tradução para o português): "O único modo de evitar a metafísica é evitar o pensamento".

DEU BRANCO

"A percepção é uma impressão produzida na mente, seu nome sendo apropriadamente emprestado da marca feita na cera por um selo."

DIÓGENES LAÉRCIO,
CITANDO AS IDEIAS DE ZENÃO DE CÍTIO,
VIDAS E DOUTRINAS DOS FILÓSOFOS ILUSTRES
(SÉCULO III A.C.)

Uma escola de pensamento filosófico é aquela que postula que humanos são trazidos ao mundo sem qualquer conhecimento inato. A mente, segundo essa ideia, é essencialmente uma tábula rasa — uma lousa em branco (ou pedaço de papel, ou tela apagada de computador, dependendo de que safra você seja, leitor) —, na qual o conhecimento é escrito.

A palavra *tabula* vem do latim e é descrita como um tipo de tabuleta com uma camada de cera que, se derretida, pode ser reutilizada, de forma que tudo que foi anotado previamente seja raspado ou apagado (*rasa),* ficando a superfície pronta para que novas informações sejam gravadas. É uma imagem bem peculiar que ilustra perfeitamente o que poderia ser uma ideia perturbadoramente abstrata, caso não a elaborássemos.

Aristóteles costuma ser considerado o primeiro a abordar explicitamente a tábula rasa quando escreveu *De Anima,* seu tratado a respeito da alma, mais ou menos no meio do século IV a.C. A mente, disse ele, "tem, de certo modo, o potencial para ser qualquer coisa que seja pensável, ainda que nada seja até que ela o tenha pensado". "O que ela pensa", continua, "deve estar nela assim como as letras deveriam estar em uma tabuleta em que nada ainda foi escrito. É exatamente isso o que acontece com a mente."

Como demonstra a epígrafe deste capítulo, Zenão de Cítio, líder da escola estoica (ver na página 149), argumentava de modo similar que a mente começava a vida como uma folha em branco esperando que algo fosse escrito — um processo ativado pela nossa percepção. Enquanto percebemos e experimentamos o mundo, as experiências se inscrevem na mente, com os resultados da nossa percepção se traduzindo em conhecimento e compreensão. Além disso, Zenão acreditava que a percepção poderia ser dividida em duas grandes categorias: a compreensível, que pode ser entendida em termos de "fatos" produzidos por um objeto real, e a incompreensível, que não tem relação direta com objetos reais.

Avançando ao século XI, o filósofo persa Ali Ibne Sina, conhecido no ocidente como Avicena, trouxe sua perspectiva para o tema. Assim como Aristóteles, ele acreditava que o intelecto humano no início da vida é uma tábula rasa, um potencial que só se realiza pelo processo de educação. Esse processo começa com a observação do mundo físico ao nosso redor, da qual é possível derivar conceitos universais que podem, por sua vez, ser desenvolvidos por um processo de racionalização até que se tornem proposições ainda mais complexas e conceitos abstratos. Ao adquirir conhecimento, declarou ele, expande-se também o intelecto, para que ele esteja em harmonia ainda maior com a fonte original de tal conhecimento.

No século seguinte a Avicena, outro filósofo islâmico, Ibne Tufail, escreveu um conto filosófico que deve também ser listado como um dos mais bem-sucedidos experimentos do gênero da história. Seu livro *O Filósofo Autodidata* relata a história de uma criança que foi criada em uma ilha deserta por uma gazela, sem qualquer contato humano. É a narrativa suprema da mente como tábula rasa, desenvolvendo-se do nascimento à maturidade, alimentando-se de experiência e raciocínio. Quando a criança cresce e acaba conhecendo outros humanos, ela percebe que adereços como religião e posses materiais são um conforto, mas acabam servindo como distração da busca pela verdade e conhecimento.

No século XIII, no ocidente, o grande estudioso cristão São Tomás de Aquino mesclou aspectos de pensamentos aristotélicos e avicenianos para arraigar a ideia de tábula rasa em um contexto distintamente cristão. Então, a ideia de folha em branco se tornou moeda comum nas tradições das filosofias tanto ocidental quanto oriental na idade média. No entanto, o conceito foi retrabalhado na idade moderna pelo grande pensador inglês do iluminismo, John Locke. Ele expressou a totalidade de sua noção de tábula rasa em *Ensaio sobre o Entendimento Humano* (1689):

> Suponhamos então que a mente seja, como se diz, um papel em branco, desprovida de caracteres, sem qualquer ideia. Como mobiliar tal espaço? De onde vem essa pluralidade de ideias que os caprichos humanos imprimiram nela com uma variedade quase infinita? De onde vêm todos os materiais para o raciocínio e o conhecimento? A essas perguntas respondo com uma palavra: experiência.

Na verdade, Locke não acreditava em uma página completamente em branco. Ele aceitava que o homem nascia com a habilidade inata da reflexão, por exemplo, assim como com um certo conhecimento *a priori* (conhecimento que existe independente da experiência, por assim dizer), ainda que considerasse essa inteligência *a priori* algo ínfimo no panorama geral.

O escocês David Hume, contemporâneo de Locke, seguindo uma linha parecida, rejeitava a existência de ideias inatas. Em muitos sentidos, ele era ainda mais radical do que Locke. Enquanto Locke tolerava a ideia de um deus que pode ser aceito apesar da ausência de uma prova conseguida por experiência, Hume colocava uma dúvida maior na noção de que a existência de Deus é uma verdade inata. Hume também julgava todo o debate como sendo, por fim, uma distração de assuntos mais importantes, como escreveu em *Investigação sobre o Entendimento Humano* (1748):

> Filósofos que negaram a existência de ideias inatas provavelmente queriam apenas dizer que toda ideia é uma cópia de uma impressão. O que quer dizer "inato"? Se "inato" é equivalente a "natural", então todas as percepções e ideias da mente devem ser consideradas inatas ou naturais, em qualquer sentido que abordemos esse último termo, seja em oposição ao que é incomum, o que é artificial ou o que é fruto de milagre. Se inato significa "contemporâneo ao nosso nascimento", a discussão parece banal — não há sentido em averiguar em que momento começamos a pensar, seja antes, no instante ou após o nascimento.

Ainda assim, da interpretação de Locke para a tábula rasa, veio o conceito moderno de empirismo (ver na página 91), que deu força a muito do pensamento iluminista e continuou algo crucial para as vastas paragens do pensamento contemporâneo.

LIVRE PENSAR

As ruminações filosóficas de Locke cobriram uma multiplicidade de assuntos, mas talvez ele seja mais lembrado hoje em dia como ancestral do pensamento liberal moderno. Vivendo em uma era de insurgências domésticas (primeiro a guerra civil inglesa nos anos 1640 e depois a Revolução Gloriosa de 1688), Locke explorou as complexas relações entre governantes e governados, um relacionamento que tentou definir nos termos de um contrato social. Suas ideias foram utilizadas e exploradas no século XVIII por nomes como Voltaire e Rousseau na França, pelos revolucionários nos Estados Unidos pré-independência e também por grandes filósofos iluministas escoceses, como Hume e Adam Smith, este último fundador do pensamento econômico moderno.

SOBRE BOAS FORMAS

"(...) nosso argumento demonstra que o poder e a capacidade para o aprendizado já existem na alma..."

PLATÃO, CITANDO SÓCRATES EM *A REPÚBLICA* (CERCA DE 375 A.C.)

Em grande contraste à ideia de que nossas mentes são "páginas em branco", encontra-se a afirmação de Platão, filósofo da Grécia antiga, de que entramos na vida carregando conosco "memórias" de uma realidade perfeita. Ele propôs algo que acabou se tornando uma das teorias mais complexas, duradouras e debatidas na história da filosofia. Chamada de Teoria das Ideias (ou das Formas), ela nunca foi postulada por Platão como uma tese totalmente concretizada. Em vez disso, apareceu ao longo de sua carreira, evoluindo enquanto Platão considerava sua miríade de implicações.

Nascido em Atenas por volta de 428 a.C., Platão era o apelido do nobre bem-nascido Arístocles. Seu cognome poderia ser traduzido como algo próximo de "espadaúdo". Se isso era o reconhecimento de sua constituição corpulenta ou da extraordinária amplitude de seu conhecimento, não temos como saber. Mas a posição de Platão como um dos três maiores filósofos da tradição grega é aceita em todo lugar. Aluno de Sócrates (e, de fato, nossa principal fonte para as ideias de Sócrates) e professor de Aristóteles, Platão é uma figura seminal no desenvolvimento da disciplina da filosofia. Como disse o filósofo britânico Alfred North Whitehead, a filosofia ocidental é uma "série de notas de rodapé para o texto de Platão".

A Teoria das Ideias discorre que, em essência, o mundo que habitamos e observamos não é o mundo "real", mas um no qual apenas vemos as sombras de formas ideais que existem em uma realidade totalmente diferente. No entanto, nosso ser — nossa alma — experimenta essa realidade de formas ideais antes de vir ao mundo material (ou dos sentidos). Então, carregamos conosco reminiscências que nos permitem reconhecer e interpretar as sombras — as imitações — que acabamos encontrando dos ideais.

Tome como exemplo um cachorro. Há um número enorme de diferentes raças e, dentro de cada raça, cada um é singular. Ainda assim, nada nos impede de reconhecer inerentemente que um cachorro é um cachorro. Reconhecemos a "cachorridade" intrínseca e, portanto, podemos identificar um cachorro, perceber que é diferente de um gato ou de um elefante ou de uma pera ou de uma televisão. Platão sugere que isso ocorre porque temos um conceito inerente do cachorro em nossa mente e nossa alma. Nosso olho mental descreve o "cachorro ideal" para que possamos reconhecer a essência de cachorro que existe em todos os cachorros não ideais que encontramos no mundo ao nosso redor. E o que se aplica aos cães se aplica a tudo mais, de cavalos e árvores a cores e conceitos abstratos, como a virtude. Podemos reconhecer que uma pessoa é virtuosa, por exemplo, porque temos um modelo de virtude embutido em nossa mente, com o qual comparamos os indivíduos.

Mas Platão vai ainda mais longe. O mundo das formas ideais é, na verdade, o "mundo real", enquanto o mundo material é feito apenas de sombras dessas formas. O cãozinho da raça jack russell que não deixou você dormir na noite passada de tanto latir é apenas uma sombra, um eco do "verdadeiro" cachorro ideal que vive no mundo das formas. Podemos agora trazer outro filósofo, o grande matemático Pitágoras, para ilustrar o argumento. Pitágoras é mais conhecido pelos estudantes de todo o mundo por seu teorema a respeito do quadrado da hipotenusa dos triângulos. Ninguém contesta a credibilidade dos cálculos de Pitágoras nem as propriedades dos triângulos, mas não existe triângulo perfeito na natureza — assim como, digamos, não há círculo perfeito. Ainda assim, podemos facilmente explicar o que um triângulo é e, geralmente, reconhecer um, mesmo em uma forma imperfeita. Platão diria que podemos fazê-lo, e Pitágoras pôde tirar suas conclusões sobre hipotenusas, catetos e coisas do tipo, porque carregamos inerentemente a reminiscência de triângulos perfeitos "reais" que existem no mundo das formas ideais. Não encontramos triângulos perfeitos na natureza, mas podemos reconhecer sua "triangulidade" graças à nossa exposição ao triângulo ideal e verdadeiro no mundo das ideias. Além disso, ansiamos por retornar àquele mundo ideal para onde nossas lembranças continuam nos atraindo. Portanto, o mundo das ideias não é algo temporal ou espacial (o que significa dizer que não existe em um momento ou local específico), mas também não é uma simples criação da mente: é um lugar "real" que existe fora e além da mente, mas nosso conhecimento quanto a ele está retido dentro da mente. Então, em *O Banquete* (*c.* 385-370 a.C.), Platão descreveu o ideal de beleza: "Não está em outro lugar nem em algo, como em um animal, ou na terra, ou no céu, ou em qualquer outra coisa, mas em si mesma, por si mesma, consigo mesma".

Platão é mais famoso por ter explorado essa noção em *A República*, na alegoria da caverna. A alegoria é apresentada como um aspecto de uma discussão entre Sócrates e o irmão de Platão, Glauco. Sócrates conta sobre um grupo de pessoas que passou a vida inteira em uma caverna, acorrentado e observando uma parede vazia. Até seus pescoços estão amarrados, impedindo que olhem para outra direção. Atrás deles, uma fogueira está acesa, enquanto titereiros manipulam suas marionetes para que projetem sombras na parede da caverna. Esse mundo de sombras se torna, literalmente, o único disponível para as pessoas da caverna, e assim, as sombras constituem a realidade. Estamos todos, segundo Platão, como os prisioneiros, buscando entender o mundo observando imitações de realidade, quando devíamos buscar nosso conhecimento inerente das formas ideais se queremos o verdadeiro conhecimento. Em outras palavras, depende de nós mesmos nos libertarmos de nossos grilhões e parar de confundir as sombras com a verdade, buscando a verdade na luz. Ainda que ele também reconheça que esses passos para sair da escuridão rumo à luz possam, por si só, causar perplexidade.

Uma conclusão relevante que Platão tirou de sua Teoria das Ideias é a de que os filósofos são os mais adequados para posições de poder, com o argumento de que os filósofos se destacam por buscar entender o mundo, descobrir a verdade e separar o que é bom do que não é. Assim, ele acendeu a fagulha da noção do rei-filósofo. Como coloca em *A República*: "Enquanto os filósofos não forem reis ou aqueles que agora chamamos de reis e líderes não forem filósofos adequados, enquanto o poder político e a filosofia não coincidirem (...), os males que atingem as cidades não cessarão (...), não haverá felicidade, público ou privada, em nenhuma delas".

Uma das contribuições mais significativas de Platão, mesmo que você dispense as noções inerentes à Teoria das Ideias, foi encorajar filósofos a não tentarem apenas determinar a natureza do mundo ao nosso redor ou considerar o que é bom ou ruim, certo ou errado, mas olhar para o lado de dentro, para como podemos passar a entender por que interpretamos o mundo como o fazemos, começando pelo conceito de que o mundo físico, longe de ser real, é verdadeiramente uma imitação — e uma bem imperfeita, veja bem — de um mundo de formas ideais, as quais realmente resumem a realidade imutável e a perfeição.

PASSANDO ADIANTE

Em 399 a.C., o mestre de Platão, Sócrates, foi considerado culpado pelas autoridades atenienses acusado de estar corrompendo as mentes dos jovens e por ser ímpio. Condenado à morte, ele faleceu após ingerir cicuta. Logo em seguida, Platão deixou a cidade-estado e passou muitos anos viajando antes de voltar e fundar sua influente Academia, em 385 a.C., considerada, no mundo ocidental, como a primeira instituição de ensino superior formal. A Academia operou durante mais ou menos trezentos anos, contando com celebradas figuras, entre elas Demócrito, Parmênides e, principalmente, Aristóteles.

MATÉRIA É MATERIAL

"Nada pode ser produzido a partir do nada."

LUCRÉCIO, *DA NATUREZA DAS COISAS* (SÉCULO I A.C.)

O materialismo não perde tempo com as digressões do capítulo anterior, como o mundo ser composto de sombras e ecos de formas ideais. Em vez disso, afirma que, para podermos entender o mundo, ele deve ser visto em termos de matéria física. De acordo com os materialistas, só a matéria existe de verdade, e tudo o que experimentamos e observamos pode ser explicado em termos da matéria e suas interações físicas. Não deixa espaço, portanto, para conceitos como consciência e alma, que sustentam muitos ramos de filosofia não materialista.

Ainda que seja improvável que ele reconhecesse a si mesmo como tal, o filósofo grego Tales de Mileto, que viveu entre os séculos VII e VI a.C., foi um precursor dos materialistas. Antes de Tales, era costumeiro buscar explicações sobrenaturais para eventos observados. Uma seca, por exemplo, presumia-se ter sido a expressão da ira dos deuses. Tales, no entanto, buscava usar o raciocínio para encontrar explicações para fenômenos naturais. Embora muitas de suas conclusões tenham sido depois refutadas, sua metodologia era impressionantemente avançada. Entre suas mais duradoras teorias está a ideia de que o universo é feito de um único material (um conceito que agora descrevemos como monismo) e que esse material sustenta toda a vida ("uma fonte de toda a vida", denotada pelo termo "arché" ou "arqué"*)*. No fim, ele postularia que esse alicerce básico da existência é a água, e depois chegaria a intrigantes conclusões a partir dessa premissa, como a de que terremotos são o resultado de ondulações da água — mas isso é outro assunto. Há mais de 2.500 anos, Tales começou a trabalhar na ideia de que as respostas para as grandes questões da vida não estão nos deuses invisíveis e incognoscíveis, mas na matéria física do mundo ao nosso redor. Mais ou menos na mesma época, mas trabalhando sem que uma soubesse da existência da outra, a escola Charvaka, na Índia, buscava entender o mundo em termos similares, não sobrenaturais.

De volta à tradição ocidental, pensadores como Demócrito e Epicuro continuaram a desenvolver as premissas do materialismo, mas foi o filósofo e poeta romano Lucrécio o responsável pela mais completa expressão da vertente materialista até então. *De rerum natura (Da Natureza das Coisas),* escrito por volta do século primeiro a.C., deu corpo ao conceito de atomismo, que defende que o cosmo (e tudo dentro dele) é formado por átomos indestrutíveis e imutáveis e pelos espaços vazios entre eles. Todo tipo de fenômeno, de pensamentos e emoções a nevascas e tsunamis, é o resultado das ações desses átomos, bem como de alterações dos espaços vazios entre eles.

No entanto, o materialismo acabaria caindo em desuso nos séculos seguintes em boa parte do mundo, durante o domínio das grandes religiões abraâmicas — judaísmo, cristianismo e islã. Para líderes e seguidores dessas religiões, a ideia de que o mundo pudesse ser explicado sem recorrer a preceitos espirituais, sobrenaturais e imateriais era uma ofensa. Contudo, no início do iluminismo, no século XVII, o mundo da filosofia estava bem mais aberto à possibilidade do materialismo como narrativa dominante, mesmo porque harmonizava em muitos aspectos com a crescente crença de que a ciência e o método científico (ver na página 102) eram o caminho mais provável para um entendimento geral do mundo. Além disso, pensadores como o francês René Descartes defendiam o que hoje chamamos de dualismo cartesiano — uma separação entre o corpo físico e a mente espiritual que permitia levar em conta o mundo físico junto com ideias como a da existência da alma. Portanto, o materialismo não precisava ser visto como oposição imediata às religiões estabelecidas.

Na Inglaterra, Thomas Hobbes (1588-1679) elucidou seu próprio credo materialista, dizendo que toda experiência advém de processos mecânicos em corpos materiais. Em *Do Corpo* (1655), ele descreveu o que considerava "erros crassos" dos filósofos que examinavam fenômenos "sem considerar os corpos ou seus correlatos". Quatro anos antes, em sua obra-prima *Leviatã*, ele tinha chegado até a condenar toda discussão do incorpóreo (não material) como "discurso insignificante".

De volta à França, em 1770, o Barão de Holbach fez sua abordagem ao materialismo em *O Sistema da Natureza*. Sua severa visão ateísta era particularmente radical para a época, já que, para ele, tudo o que acontece é puramente resultado da matéria e seu movimento, tornando o indivíduo totalmente incapaz de afetar a passagem de sua vida:

> A vida do homem é uma linha que a natureza o ordena a descrever na superfície terrestre, sem que ele jamais possa se desviar dela, nem por um instante (...), ele é constantemente modificado por causas, visíveis ou ocultas, sobre as quais não tem controle, que necessariamente regulam seu modo de existência, dão tom à sua forma de pensar e determinam sua maneira de agir. Ele é bom ou mau, feliz ou miserável, sábio ou tolo, razoável ou irracional, sem que de algo valha sua vontade nesses diversos estados.

Em 1855, o médico alemão Ludwig Büchner publicou *Kraft und Stoff: Empirisch-Naturphilosophische Studien* (*Força e Matéria: Estudos Empírico-Filosóficos*, sem tradução para o português), livro no qual reconfigurou argumentos materialistas dentro de um contexto puramente científico. Ele descreveu a busca por uma causa [da origem] do universo como uma "pesquisa inútil", dizendo que era um *regressus in infinitum* (um retrocesso ao infinito) e que a recorrente questão quanto à causa da causa se parecia com fugir por uma escada sem fim, tornando impossível a conquista de um objetivo final. "O universo como o vemos", escreveu Büchner, "é o resultado de forças que trabalham constantemente, tendo uma ligação de causalidade umas com as outras, estas, portanto, possíveis de ser entendidas pelo raciocínio humano". Para deixar seu argumento ainda mais claro, ele afirmou: "Sem matéria não há força, sem força não há matéria". Apesar de tais visões acabarem depois por alcançar uma aceitação geral significativa, elas causaram tanta controvérsia à época, principalmente quanto à rejeição da deidade, que Büchner foi forçado a renunciar a seu cargo na Universidade de Tübingen.

Mas a direção geral da viagem nas ciências durante os séculos XIX e XX pareceu dar peso às ideias de Büchner e todos os materialistas que o precederam. A Otto Neurath, por exemplo, um filósofo austríaco, é creditada a criação do termo "fisicalismo" no início do século XX. O fisicalismo afirma, em comum com a filosofia materialista tradicional, que o conhecimento é derivado não de explicações sobrenaturais, mas do estudo de objetos físicos e suas propriedades, e também busca estabelecer ligações firmes com ramos da ciência ainda em desenvolvimento, da ciência atômica à neurociência e muitas outras. O fisicalismo faz, portanto, uma abordagem diferenciada do materialismo, que permite considerar fenômenos materiais mais complexos — como as relações entre ondas e partículas, as quais o materialismo tradicional parece não conseguir acomodar.

A maioria dos filósofos da atualidade concorda até certo ponto com o materialismo: a ascensão da ciência e o declínio do consenso da religião trouxeram uma aceitação maior. Ainda assim, muitos ainda acreditam que ele seja insuficiente como um sistema de crença mais abrangente. Até para os filósofos que já dispensaram Deus como figura relevante, continua difícil não considerar certos fenômenos imateriais, a exemplo da consciência. Conforme destacado pelo filósofo americano John Searle em 2002: "O materialismo acaba negando a existência de quaisquer estados qualitativos subjetivos irredutíveis de senciência ou consciência" — uma falha fundamental aos olhos de seus críticos.

UMA SOLUÇÃO IDEAL

"Esse est percipi [Ser é ser percebido]."

GEORGE BERKELEY,
TRATADO SOBRE OS PRINCÍPIOS
***DO CONHECIMENTO HUMANO* (1710)**

Hoje, o termo "idealista" geralmente é reservado para se referir às pessoas que baseiam seu comportamento em ideais pessoais, não considerações práticas. Mas um idealista, em termos filosóficos, é algo bem diferente. O idealismo é a crença de que não há realidade física, pois a realidade só existe no contexto da consciência, do pensamento e das ideias. Um cachorro, portanto, só é um cachorro se há uma mente que o descreve assim — não porque ele existe materialmente. Assim, o idealismo é visto como antagônico ao materialismo.

Platão costuma ser creditado como um dos primeiros idealistas, no sentido de que acreditava em uma realidade criada pela mente humana. Outros, no entanto, argumentam que ele não era idealista, já que acreditava na existência de uma realidade alternativa (o mundo das ideias), que informa como nossas mentes percebem o mundo, mas que também existe separado de nossas mentes. Sob tais condições, foi sugerido que Platão seria melhor descrito como um realista (veja no próximo capítulo).

No século XVII, René Descartes expôs sua teoria de que não podemos ter certeza da existência de nada que não sejamos nós mesmos, como evidenciado pelo simples ato do próprio pensamento (que é explorado em mais detalhes na página 72). Isso também é, de certo modo, uma forma de idealismo — no qual pensamentos e a mente fornecem a rota para o conhecimento e a verdade. Mas essa teoria não é desprovida de complicações: em especial, o dualismo cartesiano reconhecia explicitamente uma divisão entre a mente e um corpo físico "real".

Foi então que o idealismo encontrou um expoente que não deixou os mesmos "espaços de manobra" de Platão ou Descartes. George Berkeley (1685-1753) foi um filósofo e bispo irlandês que promoveu a crença do idealismo subjetivo. Ele refutava completamente a noção de substância material, insistindo que um objeto existe apenas enquanto percebe ou é percebido. Se algo não pode ser transformado em conceito, não existe. Aquela árvore que caiu na floresta sem que ninguém visse... ela caiu mesmo? Nos termos mais abrangentes, de acordo com Berkeley, não. No entanto, sendo um homem da igreja, ele inseriu uma ressalva muito importante em sua tese: objetos podem existir mesmo que não sejam percebidos por seres sencientes, baseando-se no fato de que a percepção de Deus é universal e eterna. Então, aquela árvore pode ter caído na floresta, afinal. Mesmo sem um insetinho que seja ou mesmo um ser humano para observar, a percepção de Deus permite sua queda. Mas, sejamos nós ou uma deidade, a existência se baseia na percepção. Não existe realidade além do que a mente — terrena ou divina — possa descrever. Como Arthur Schopenhauer escreveu em *Parerga e Paralipomena*, em 1851: "Berkeley foi (...) o primeiro a tratar o subjetivo ponto de partida como um assunto realmente sério e a demonstrar irrefutavelmente sua absoluta necessidade. Ele é o pai do idealismo".

Durante os dois séculos seguintes, surgiram diversas escolas de filosofia idealista. Por exemplo, o idealismo alemão nasceu dos ensinamentos de Immanuel Kant (1724-1804), que tentou retificar o que considerava uma das grandes derrotas da filosofia naquele ponto — o fracasso em definir de maneira conclusiva se o mundo externo existe totalmente alheio a nós mesmos. Sua famosa obra *Crítica da Razão Pura* foi lançada em 1781 e criou as fundações do que às vezes é chamado de idealismo transcendental (muitos acreditam que Kant é o primeiro grande filósofo a referir a si mesmo como um idealista). Rejeitando o conceito de tábula rasa, ele concluiu que chegamos ao mundo com mentes pré-organizadas, de modo que podemos racionalizar e dar sentido às nossas experiências. Nossa percepção da realidade é moldada por nossas mentes usando esse "*software*" embutido. Assim, podemos conhecer uma coisa pelo que ela nos parece (a que se referiu como fenômeno), mas não podemos conhecer uma "coisa em si" (ou seja, sua verdadeira natureza, externa à nossa mente, que chamou de númeno).

Em suas palavras: "Não tenho conhecimento de mim mesmo como sou, apenas de como pareço para mim mesmo". "Uma planta", escreveu, "um animal, a ordem normal da natureza — provavelmente também a disposição de todo o universo — dão evidências manifestas de que são possíveis apenas por meio de, e de acordo com, ideias...".

Ele descreveu sua teoria de que uma mente humana vem pré-instalada com conceitos como espaço, tempo, causalidade e substância, que nos permitem experimentar a vida de uma maneira relevante. E mesmo que esses conceitos não nos permitam entender a verdadeira realidade externa de uma coisa, ele argumentava que não deveríamos nos preocupar muito com isso. Esforçar-se para compreender uma realidade que está manifestadamente além das nossas capacidades mentais, sugeria ele, é um desperdício de tempo. "O raciocínio humano", dizia, "tem o peculiar destino de ser perturbado por questões que — como estipulado pela natureza do raciocínio em si — não pode ignorar, mas também não pode responder, já que transcende suas capacidades". Em vez disso, devíamos nos contentar em experimentar uma realidade até o ponto que nossa mente nos permite e aprender a aceitar essas limitações. Fazendo isso, deixamos que nossa mente se liberte, uma noção que está no centro do idealismo transcendental.

O alemão Johann Gottlieb Fichte (1762-1814), compatriota de Kant, está entre aqueles que viu problemas em muitos desses preceitos, principalmente o de númeno. Fichte alegava que podemos presumir que a consciência existe apenas por si mesma e não em relação a qualquer "mundo real". Então, veio Georg Hegel (1770-1831), cujas meditações por vezes elusivas não necessariamente davam maior claridade imediata a um mundo de contemplação já desconcertante. A partir do trabalho de Friedrich Schelling, Hegel introduziu o conceito de Espírito Absoluto, que pode ser pensado como um tipo de mente-e-alma universal que incorpora todas as ideias, fenômenos e eventos. Todas as mentes individuais se tornam então parte de uma consciência coletiva maior. O Espírito Absoluto se revela, postula Hegel, pelo processo histórico, com cada época exibindo seu *zeitgeist* (espírito dos tempos ou sinal dos tempos) — uma ideia que provaria ter muita influência sobre diversos teóricos políticos posteriores. A filosofia mais geral de Hegel por vezes é chamada de idealismo absoluto, já que o Espírito Absoluto dá ao ser senciente uma realidade elevada que, digamos, um tijolo ou uma folha são incapazes de alcançar.

Como já foi mencionado, o idealismo, até certo ponto, perdeu popularidade para o materialismo a partir do século XIX, mas isso não quer dizer nem um pouco que o debate tenha acabado. O idealismo continua propondo questões desafiadoras sobre como abordamos percepção, consciência e espiritualidade. E às vezes, isso é mais do que o suficiente para fazer sua cabeça explodir!

TUDO É COGNOSCÍVEL

O alemão Gottfried Leibniz (1646-1716) tinha seu próprio ponto de vista quanto ao idealismo, que explorou com sucesso em *A Monadologia* (1714). Ele argumentava que tudo no universo é composto em sua essência por mônadas — entidades simples e indivisíveis, cada uma delas sendo uma mente dotada de, por exemplo, percepção e apetite. Cada uma, dizia ele, também traz gravada uma representação completa do cosmo. Mônadas — imateriais, eternas e incapazes de interação — são pré-programadas pelo divino para que se encaixem no cosmo e se comportem como for necessário o tempo todo. Como nossa mente também é composta de mônadas, ela, teoricamente, também deveria ser capaz de entender tudo que existe, ainda que Leibniz tenha reconhecido que, enquanto para alguns de nós seja possível alcançar algum conhecimento racionalmente ("verdades da razão"), para outros seria necessária alguma evidência por experimento ("verdades de fato"). Infelizmente, em seus últimos anos, Leibniz foi prejudicado por uma nefasta batalha com Isaac Newton para determinar qual deles teria descoberto o cálculo.

FENOMENAL!

Outro intrigante ramo derivado do idealismo é a fenomenologia, uma abordagem filosófica desenvolvida principalmente por dois alemães: Edmund Husserl (1859-1938) e Martin Heidegger (1889-1976). No centro da fenomenologia está a crença de que todo fenômeno (ou seja, todo objeto e evento) é real ao ponto de que são percebidos e interpretados pela consciência humana. Sendo assim, fenomenólogos estão quase mais interessados em como podemos pensar o que pensamos, levando em conta não apenas a percepção sensorial, mas também conceitos como subjetividade, imaginação, emoção e motivação. Mas tenha cuidado: não misture fenomenologia com fenomenalismo, que afirma que objetos só existem como estímulo sensorial [ou fenômenos perceptivos].

FALE A VERDADE

"O menu não é a refeição."

ALAN WATTS,
***THE WAY OF ZEN* (1957, SEM TRADUÇÃO CONHECIDA PARA O PORTUGUÊS)**

Neste capítulo, estudaremos dois outros modos contrastantes de conceber a "realidade". Por um lado, o realismo, que afirma que todas as entidades (que podem ser tanto conceitos abstratos quanto corpos físicos) têm uma realidade objetiva independente da nossa percepção delas ou de como podemos escolher descrevê-las. Por outro, o nominalismo, que diz que certas abstrações, conceitos e termos não têm uma realidade objetiva, mas existem apenas por terem recebido um nome. Nominalistas, portanto, não acreditam na realidade de ideias — qualidades universais (vergonha ou virtude, por exemplo) ou objetos matemáticos (como números) —, mas argumentam que a realidade consiste de itens particulares (isto é, entidades físicas individuais). Linguagem, insistem os nominalistas, costuma ser desenvolvida para impor significado a um conjunto específico de particularidades e não é baseada na realidade. Poderíamos, digamos, chamar tanto um dálmata quanto um jack russell de "cachorros", mas o nominalismo argumentaria que, embora as entidades que rotulamos como "dálmata" e "jack russell" tenham uma existência física, o conceito abstrato generalizado de cachorro não tem (nem o conceito das raças "dálmata" e "jack russell". Sendo assim, tais palavras não denotam uma realidade física, mas existem apenas como palavras. Ninguém falou que isso aqui seria simples, hein?

Primeiro, abordemos só o realismo. Platão é uma ótima porta de entrada para entender os preceitos centrais do realismo. Antes dele, a filosofia ponderava quanto à questão da essência das coisas. Quanto da essência de uma coisa está contida no ser físico e quanto está na nossa percepção dela? E como pode uma coisa em geral, como um cachorro, ser muitas coisas em particular (não somente um dálmata e um jack russell em específico, mas todos os milhões de dálmatas e jack russells e todas as outras raças do mundo)? Sua Teoria das Ideias elucidou um mundo conceitual, como já vimos, que ele considerava real. Nosso jack russell terreno é um cachorro porque representa uma sombra do cachorro ideal — porém real — que habita o mundo das ideias. O modo como percebemos nosso jack russell não tem relação com a realidade independente das ideias. Relacionado à Teoria das Ideias está o conceito de "universais", que são as qualidades ou características que entidades têm em comum. O dálmata e o jack russell têm, cada um, rabo, quatro patas e são peludos. Eles latem. Balançam o rabo quando estão felizes. Gostam de fazer xixi em postes. Eles têm, digamos assim, a qualidade da "cachorridade", que pode ser vista como universal, que é então expressa nas entidades físicas que chamamos de dálmata e jack russell.

Mas "cachorridade" ou "peludidade" ou "latismo" realmente existem? Se sim, onde? Equanto Platão presumia um tipo de realidade não espacial e não temporal para tais universais, Aristóteles acreditava em universais não corpóreos que existiam apenas pelo modo como apareciam em cada entidade individual. Para Aristóteles, a "cachorridade" do nosso cão é ativada pelo fato dessas entidades existirem, não porque são sombras de uma ideia de cachorro totalmente separada. De acordo com Aristóteles, nós imaginamos universais como uma resposta intelectual a um fenômeno que experimentamos. Como ele escreveu em *Física*, no século IV a.C.: "(...) conhecemos o que é universal de acordo com a razão, mas o que é particular, de acordo com o sentido (...)".

Diversos filósofos posteriores evocaram a noção de universais também. Agostinho de Hipona (também conhecido como Santo Agostinho), por exemplo, concluiu que a humanidade precedia a existência de humanos individuais (o que o ajudava a explicar os mistérios da santíssima trindade), mas, assim como Aristóteles, ele acreditava que universais são reais onde se manifestam em forma física em vez de terem uma realidade independente, como defendia Platão. Esse "meio-termo" na explicação dos universais às vezes é chamado de realismo moderado, e pode ser visto como uma separação entre uma coisa em si e o modo como ela existe. Se uma coisa existe na mente como universal, ela existe na realidade como algo individual.

Mas mesmo esse "meio-termo" vai longe demais para os nominalistas. Eles rejeitam essa visão, insistindo que conceitos gerais como os universais não têm existência independente, caso separados da linguagem. O nominalismo pode traçar suas raízes até a era medieval, principalmente nos pensadores franceses Roscelino de Compiègne (*c.* 1050-1125) e seu aluno, o teólogo Pedro Abelardo (1079-1142), que concluíram que cada indivíduo é um "particular" que não precisa de explicação no contexto dos universais. Guilherme de Ockham (1280-1349, aproximadamente) avançou ainda mais nesse contexto, desenvolvendo um ramo do nominalismo que às vezes é chamado de conceitualismo. Em *Opera Philosophica* (sem tradução conhecida para o português), ele escreveu: "Não há universal fora da mente que realmente exista em substâncias individuais ou em essências das coisas (...), o motivo é: tudo que não seja muitos é necessariamente um só em número e, consequentemente, algo singular".

Ele chegou à conclusão de que o realismo é falso, já que, se você aceita o argumento de que uma humanidade universal, uma essência compartilhada, está presente em cada indivíduo, "(...) Deus não seria capaz de aniquilar uma substância individual sem destruir os outros indivíduos do mesmo tipo. Pois, se Deus aniquilasse um indivíduo, destruiria o todo que é aquele indivíduo em essência e, consequentemente, destruiria o universal nele contido e nos outros da mesma essência". Universais, concluiu, são construtos intelectuais que correspondem à nossa percepção de similaridades dentro de particulares. Podemos dizer que não existe "cachorridade". Em vez disso, como vemos algumas características em comum entre nossos dálmatas e jack russells, criamos a ideia *post rem* (subsequente à existência) para explicar as similaridades. Ockham escreveu: "Eu defendo que um universal não é algo real que exista em um objeto (...), mas que tem um ser apenas como um objeto de pensamento na mente".

Preceitos do nominalismo e do realismo ocuparam as mentes de figuras do iluminismo, incluindo Pierre Gassendi e Thomas Hobbes. A partir do século XX, os termos do debate se expandiram, e questões sobre o quanto a linguagem expressa a realidade e o quanto ela a constrói continuam nos fascinando. Em *Tratado Lógico-Filosófico* (1921), Ludwig Wittgenstein atribuiu a causa da maioria dos problemas da filosofia à má utilização da linguagem, que, no contexto filosófico — assim defendia ele —, fracassa em descrever com precisão a natureza essencial das coisas. Então, enquanto em uma conversa corriqueira entendemos o que alguém quer dizer quando diz que sabe algo, em termos filosóficos temos dificuldade para definir o que é a essência do saber. A solução de Wittgenstein: a aplicação de uma lógica estrita na linguagem para eliminar a ambiguidade. Assim, ele acreditava que a linguagem deveria ser construída para expressar com precisão a realidade de um particular. Por exemplo: podemos descrever um cachorro balançando o rabo, mas falar de forma abstrata de um cachorro ou do balançar ou do rabo, não tem significado. Nesse sentido, podemos entender que ele estava rejeitando a ideia realista de universais.

Wittgenstein defendia uma linguagem baseada em proposições que poderiam ser consideradas verdadeiras ou falsas a partir da lógica. No entanto, isso significa que ele rejeitava afirmações que permitiam ambiguidade. "Matar às vezes pode ser algo justificável", por exemplo, não representa uma declaração lógica de um fato. Então, de acordo com sua tese, não pode ser investigada apropriadamente pelo filósofo. Conceitos de moralidade, espiritualidade, teologia e similares estariam condenados ao mundo das meras especulações místicas. Como ele registrou, "todo o sentido de um livro pode ser resumido nas seguintes palavras: tudo que pode ser dito pode ser dito claramente, e aquilo que não se pode falar deve permanecer no silêncio".

Mais tarde, no mesmo século, em seu famoso livro *Mitologias* (1957), Roland Barthes destacou como indivíduos e sociedades mitificam aspectos de si mesmos e suas culturas, cooptando a linguagem para criar uma forma desejada de realidade. Ele analisou, por exemplo, a luta-livre profissional, investigando como diferia de outros esportes em sua performance, já que acaba gerando uma narrativa de bem e mal, justiça e retribuição. A luta se torna o meio pelo qual a audiência pode explorar esses temas densos sem que sejam expostos à sua realidade. A narrativa — o entretenimento — torna-se um modo de lidar de maneira palatável com realidades mais pesadas enquanto ao mesmo tempo fica-se protegido delas.

Barthes tinha uma dívida intelectual com Ferdinand de Saussure (1857-1913), linguista suíço que fundou o movimento estruturalista no início do século 20. O estruturalismo afirma que todo produto da atividade humana — incluindo ideias — não ocorre naturalmente, mas é criado, conseguindo significado e contexto como resultado da linguagem usada em ligação a ele. Barthes identificava a si mesmo como estruturalista, mas também é visto como pós-estruturalista, depois de ter se frustrado com a falta de flexibilidade da tese estruturalista.

Outro compatriota de Barthes, o pós-estruturalista francês Michel Foucault (1926-1984), elucidou sua própria teoria de como "conhecimento" e "verdade" são construídos pela linguagem. Em *As Palavras e as Coisas: Uma Arqueologia das Ciências Humanas*, ele concluiu que a própria ideia de "Homem" (no caso, a figura múltipla que representa a natureza fixa e eterna da humanidade) é uma construção social arraigada na linguagem que data do século XIX. De fato, "Homem" logo seria superado como principal assunto de investigação filosófica: "O homem não é o mais velho nem o mais constante problema já colocado para o conhecimento humano".

Provando-se ou não ser exatamente esse o caso, em nossa era de *fake news* e "narrativas alternativas", a discussão sobre onde linguagem e realidade começam e acabam talvez nunca tenha sido mais polêmica.

O ENIGMA DEUS

"(...) para o conhecimento de qualquer verdade que seja, o homem precisa de ajuda divina para que o intelecto possa ser colocado em ação por Deus."

TOMÁS DE AQUINO, *SUMA TEOLÓGICA* (1265-1274)

Para o filósofo de fim de semana, talvez esta seja a questão suprema: Deus existe? É um tópico que em algum momento ocupou não apenas a cabeça de todo filósofo, mas provavelmente a de todo ser humano. Vale a pena ter em mente que religião e filosofia da religião são entidades distintas. Enquanto religiões tendem a valorizar a fé de seus adeptos (no caso, a crença baseada em convicções espirituais em vez de provas substanciais), filósofos da religião buscam analisar o significado e a natureza da religião em um sentido mais abrangente. Assim, é possível que um filósofo acredite na existência do divino sem que necessariamente tenha uma fé específica. Em contrapartida, muitas das maiores mentes filosóficas da história foram pessoas de fé.

No centro do debate, há um problema implacável. A crença em Deus geralmente demanda uma aposta na fé que vai contra o desejo da filosofia por explicações de mundo baseadas em evidências. Por outro lado, depois de milhares de anos de prática, a filosofia e a ciência nos deixaram ainda com incontáveis perguntas sem resposta, muitas das quais teoricamente poderiam ser respondidas com a aceitação da ação divina. Bem, para os crentes em um deus-criador benevolente, há dilemas persistentes a ser considerados, como o motivo de tal figura criar um universo que é imperfeito, que aceita o mal. Ao mesmo tempo, para o filósofo que rejeita os mitos de criação religiosos e se coloca a favor, por exemplo, da Teoria do Big Bang, a pergunta persiste: o que existia antes do Big Bang e como se originou o que quer que já estivesse lá? E se o mundo pode essencialmente ser explicado por uma mistura de pensamentos racionais e materialistas, por que há uma aceitação popular tão grande de conceitos quase religiosos como alma e espírito? Além disso, é válido acreditar que um universo de tanta beleza e equilíbrio poderia ser o resultado de fenômenos materialistas aparentemente não intencionais em vez do produto de um projeto inteligente e intencional?

Frente a poderosas organizações religiosas que há muito dominam o poder político em boa parte do mundo, poucos foram os filósofos confiantes o bastante para argumentar contra os princípios básicos da fé. Contemplar uma explicação de mundo que excluía a divindade poderia, literalmente, lhes custar a vida. Ainda assim, havia uma chama naqueles que buscavam reconciliar a fé religiosa com o robusto intelectualismo da filosofia.

No mundo antigo, tanto Platão quanto Aristóteles defendiam princípios cosmológicos que aceitavam muito bem um criador divino do universo. No nível mais básico, essa visão é a conclusão lógica da crença de que, em um mundo de causalidade — onde toda existência e fenômenos são efeitos de uma causa prévia —, é aceitável presumir uma "causa primária" que foi criada a partir de si mesma e não causada por algo mais: um conceito às vezes chamado de "primeiro motor" ou "motor imóvel". Como colocou Aristóteles em sua *Metafísica* (350 a.C.), "deve haver um ser imortal e imutável, responsável pela totalidade e ordenação do mundo percebível".

O santo cristão, Agostinho de Hipona (354-430 d.C.), tentou reconciliar aspectos do platonismo com os ensinamentos cristãos. Entre as questões que buscou responder estava o motivo de um Deus onipotente e benevolente permitir a existência do mal. Agostinho se apropriou de certas ideias platônicas para argumentar que o mal não é uma "coisa" que se crie, mas sim uma ausência. Então, por exemplo, a doença é a ausência de boa saúde, e a criminalidade é a ausência de, entre outras coisas, honestidade e bondade. E já que uma ausência não pode ser criada do mesmo modo que uma presença, Deus não criou o mal (como não podia deixar de ser, críticos vieram a questionar essa afirmação ao longo dos séculos, dizendo que, por exemplo, uma doença não é meramente uma ausência, mas a presença real de uma entidade física malevolente, como um vírus). Mas, enfim, esse é um debate que nunca terá uma abundância de "respostas certas".

Para aqueles que então demandavam saber por que um deus benevolente chegaria a permitir as condições nas quais o mal poderia florescer (mesmo que aceitassem o pressuposto de que Deus não criou o mal em primeiro lugar), Agostinho invocou a noção de livre-arbítrio. Por esse argumento, Deus quis que o homem discernisse o que é bom e certo, então foi permitido que ele tivesse livre arbítrio. Sem isso, o homem nada discerniria. Sem o mal, o brilho do bem seria menor — do mesmo modo que as sombras em uma pintura ajudam a acentuar a luz. Nas palavras do próprio Agostinho, Deus "julgou que seria melhor que o bem existisse a partir do mal do que o mal não existir". "Aquele que é bom é livre, ainda que seja escravo", disse ele, enquanto "aquele que é mau é escravo, mesmo sendo rei".

Agostinho tentou desatar tais grandiosos nós não apenas teologicamente ("Deus fez com que assim fosse, então é parte do grande plano que devemos aceitar"), mas também filosoficamente, justificando crenças cristãs com argumentos racionais — o que não é o mesmo que dizer que são incontestáveis. Sendo assim, seus escritos marcaram uma enorme mudança de ritmo no discurso da filosofia religiosa.

Outro marco histórico veio em 1077-1078, com a publicação de *Proslógio*, por Santo Anselmo de Cantuária. Remontando novamente aos gregos antigos, ele tentou demonstrar que a existência de Deus poderia ser provada por argumentos racionais em vez de ser mantida apenas como um artigo de fé. Seu anseio, declarou, era por um "argumento único que de nada precisasse como prova além de si mesmo, que por si próprio fosse suficiente para mostrar que Deus realmente existe (...)". Na base do argumento de Anselmo havia três afirmações:

- Nada maior do que Deus pode ser imaginado;
- Deus existe na imaginação e também na realidade, ou apenas na imaginação;
- Existir na realidade e na imaginação é algo maior do que existir apenas na imaginação.

Usando o formato de provérbio, Anselmo expôs que algo que existe na realidade é, por sua natureza, maior do que algo que existe apenas na imaginação. Uma rosa vermelha de verdade é maior, digamos, do que uma rosa vermelha que exista apenas na mente. Sendo esse o caso, se aceitamos que nada maior do que Deus pode ser imaginado, ele deve existir na realidade, já que, se apenas existisse na imaginação, seria possível conceber um Deus que existe na realidade que seria maior do que aquele que existe na sua imaginação. Isso, sugeria Anselmo, contradiz pela lógica a primeira e a terceira afirmações subsequentes. De fato, o único modo de reconciliar a declaração é aceitar que Deus existe na sua imaginação e na realidade.

No século XVII, René Descartes desenvolveu sua própria abordagem na linha de Santo Anselmo. Em seu livro de 1641, *Meditações sobre Filosofia Primeira*, ele disse que "o simples fato de que eu existo e tenho dentro de mim uma ideia do ser mais perfeito, no caso, Deus, fornece uma prova muito clara de que Deus de fato existe". "Não surpreende", ele teorizava, "que Deus, ao me criar, deve ter colocado em mim tal ideia, como a marca do artesão em sua obra".

Tomás de Aquino (1225-1274) foi provavelmente o maior dos teólogos cristãos a buscar reconciliar as escrituras com o raciocínio da filosofia clássica. Muito influenciado pelos ensinamentos de Aristóteles, ele procurou sintetizar a doutrina cristã e o pensamento da Grécia antiga em um sistema que reconhecia o "sobrenatural" cristão como superior ao "natural" alcançado com o raciocínio pelos filósofos. Ainda que valorizasse muito mais o primeiro, ele reconhecia que o segundo também era uma dádiva divina. Como dito na abertura deste capítulo: "Para o conhecimento de qualquer verdade que seja, o homem precisa de ajuda divina para que o intelecto possa ser colocado em ação por Deus". De acordo com Aquino, se o homem empregar seu raciocínio corretamente, não haverá contradição ante a verdade divina.

Tal era sua fé nessa posição que Aquino encarou grandes desafios. Como, por exemplo, alinhar a crença cristã da criação com a visão aristotélica de um universo que existe e existiu desde sempre? A tendência era de que pensadores cristãos tentassem desacreditar as ideias dos aristotélicos nos pontos em que seus ensinamentos fossem completamente opostos ao texto bíblico. Aquino, no entanto, tomou um caminho bem diferente. Ele aceitou a linha de pensamento de Aristóteles, admitindo que o pensador clássico trabalhava sem ter acesso às escrituras. Então, ele se dedicou a mostrar como a igreja e Aristóteles, em tese diametralmente opostos, poderiam estar ambos corretos.

Aquino concebeu uma elaborada analogia comumente conhecida como "pegadas na areia" a fim de explicar como Deus criou um universo que, como dizia Aristóteles, não teve começo nem fim. "Imagine um pé", escreveu Aquino, "que está na areia desde a eternidade. Uma pegada sempre esteve por baixo dele e ninguém duvidaria de que foi feita pela pressão do pé. Ainda que nenhum seja anterior ao outro, um foi feito pelo outro". Não surpreende que nem todos tenham sido convencidos pela proposição. No século XX, Bertrand Russell discordou de Aquino, dizendo que ele "diferentemente do Sócrates platônico, não acompanhou para onde o argumento levaria. Ele não faz questionamentos cujo resultado é impossível saber com antecedência. Antes de começar a filosofar, ele já conhece a verdade: está declarada na fé católica. Se ele puder encontrar argumentos aparentemente racionais para certas partes da fé, ótimo. Caso contrário, precisa apenas se apoiar no mistério da fé". Ainda assim, por todas essas legítimas preocupações, ele buscou posicionar a fé em uma estrutura filosófica com mais seriedade do que qualquer um antes dele.

Seguindo em frente para o período do iluminismo, muitos filósofos (Descartes entre eles, como já vimos) estavam comprometidos a investigar a inter-relação entre a fé religiosa (que ainda dominava a política na Europa) e a crescente ligação com o empirismo, o racionalismo e a ciência. Blaise Pascal está entre aqueles que chegaram a conclusões surpreendentes. Em *Pensamentos* — publicado em 1670, oito anos após sua morte, e considerado tão incendiário pelo rei Luís XIV a ponto de ser banido —, Pascal definiu os termos de sua famosa "Aposta". Escrevendo em parte como uma resposta para o número cada vez maior de pessoas deixando a igreja por influência do racionalismo, ele recorreu à teoria de probabilidade matemática de Pierre de Fermat. Pascal reconhecia as complicações inerentes a justificar a religião com argumentos racionais em face a uma inabilidade de provar — sem sombra de dúvida — que Deus existe e a incognoscibilidade do divino. Apesar disso, ele apresentou diversas afirmações de "fatos":

- Ter fé e estar certo traz recompensas (como a vida eterna);
- Ter fé e estar errado traz poucos riscos além das limitações que acompanham o dever religioso em nosso tempo de vida;
- Não ter fé e estar certo traz poucas recompensas além de uma sensação passageira de se emancipar ao dogma e a satisfação de estar certo;
- Não ter fé e estar errado traz riscos enormes (como a possível danação eterna).

A aceitação desses princípios, diz Pascal, leva racionalmente à posição (tendo levado em conta os riscos e recompensas) de que ter fé é a decisão mais justificada pela lógica.

Voltaire (1694-1788), no entanto, apoiava a escola deísta que argumentava a favor da existência do deus-criador que, basicamente, deixa que sua criação se vire sozinha. De acordo com o deísmo, Deus se revela em fenômenos naturais em vez de fazê-lo nas escrituras ou suas revelações. Foi Voltaire que proferiu a famosa frase: "Se Deus não existisse, seria necessário inventá-lo".

Obviamente, toda tentativa de diminuir a distância entre filosofia e religião bateu de frente com uma oposição que não se deu por convencida e que aumentou com as linhas do empirismo, materialismo e ciência que vieram a dominar o pensamento humano na idade moderna. Costuma-se argumentar, por exemplo, que, embora o conhecimento esteja incompleto, somos cada vez mais capazes de explicar, em termos científicos, mais e mais fenômenos que já foram a salvaguarda dos deuses. Outros apontam as contradições inerentes nas doutrinas rivais, assim como o histórico desaparecimento da maioria das religiões, como evidência de que a maioria dos sistemas teístas são provavelmente falsos. Em outras palavras, se dermos como certo que os milhões que adoravam de verdade os deuses e deusas do antigo Egito estavam errados em colocar sua fé ali, como podemos presumir que qualquer narrativa subsequente baseada em fé tenha uma verdade ou reivindicação mais elevada? Ou, como escreveu o acadêmico Stephen Roberts: "Declaro que ambos somos ateus. Só acredito em um deus a menos que você. Quando você entender o motivo pelo qual rejeita todos os outros possíveis deuses, entenderá por que rejeito o seu".

No século XX, Bertrand Russell estava entre as principais vozes que defendiam o ceticismo religioso como sendo robusto tanto cientificamente quanto filosoficamente. Ele elaborou um famoso argumento, agora chamado de Bule de Chá de Russell, que buscava colocar o "ônus da prova" não sobre os céticos, mas sim nas costas dos crentes. Em um artigo de 1952, ele escreveu:

> Muitos ortodoxos falam como se fosse obrigação dos céticos provar que os dogmas são falsos, e não dos dogmáticos prová-los que são verdadeiros. Isso é obviamente um erro. Se eu sugerisse que entre a Terra e Marte há um bule de chá de porcelana girando ao redor do sol em uma órbita elíptica, ninguém poderia provar minha afirmação como sendo falsa se eu adicionasse o fato de que o bule é pequeno demais para ser visto até pelo nosso mais poderoso telescópio. Mas se eu dissesse que, como minha afirmação não pode ser refutada, é uma presunção intolerável por parte do raciocínio humano que duvidem dela, imediatamente diriam que estou falando besteira. Mas se, no entanto, a existência de tal bule fosse afirmada em livros antigos, ensinada como verdade sagrada todo domingo e inserida na mente das crianças na escola, a hesitação de acreditar em sua existência se tornaria uma marca de excentricidade e chamaria para o cético as atenções da psiquiatria, em uma época mais iluminada, ou do inquisidor, em tempos passados.

Seguindo os passos de Russell, veio o biólogo evolucionário Richard Dawkins (nascido em 1941), que construiu uma lucrativa carreira provocando devotos religiosos. Em 1996, em um programa na BBC chamado *The Heart of the Matter: God Under the Microscope* (*O Cerne da Questão: Deus sob o Microscópio*), ele resumiu muito bem a tensão constante entre a fé e a filosofia. "O que me preocupa quanto à religião", disse ele, "é que ela ensina as pessoas a se satisfazerem com o não entendimento do mundo onde vivem".

SUPER-HOMEM

O filósofo alemão Friedrich Nietzsche (1844-1900) tinha uma singular abordagem a respeito de Deus. Filho de um pastor luterano e ele mesmo um estudante de teologia na universidade, Nietzsche publicou uma de suas mais famosas obras, *Assim Falou Zaratustra*, entre 1883 e 1885. Nela, articulou sua noção de "a morte de Deus". Tendo ele próprio perdido sua fé, Nietzsche argumentou que a religião era pura mitologia que acorrentava a humanidade a modos restritivos de comportamento (por exemplo, deixar de lado nossos desejos em favor da busca de uma "boa" moral). Porém, "a morte de Deus" não era apenas uma posição teísta, e sim um argumento a favor da derrubada de construtos sociais aceitos havia muito tempo. Temendo que Deus pudesse ser substituído por um niilismo vazio, Nietzsche então defendeu o surgimento do *Übermensch* ("Super-Homem"), que se liberta dos códigos sociais para viver de acordo com seus próprios padrões e valores, o que, por sua vez, o livra da culpa e da infelicidade.

VOCÊ DECIDE?

"Os homens acreditam ser livres simplesmente porque têm consciência de suas ações, mas ignoram as causas por meio das quais essas ações são determinadas."

BARUCH SPINOZA, *ÉTICA* (1677)

Outro debate filosófico que costuma coincidir com a questão da existência ou não de uma divindade é a argumentação da existência ou não do livre-arbítrio. Resumindo: nós decidimos como nos comportar e pensar?

Adeptos do livre-arbítrio nos colocam como agentes racionais no mundo, com mentes capazes de escolher cursos específicos de ação que afetarão o que acontecerá no futuro. Deterministas, em compensação, contemplam um mundo em que tudo que acontece é resultado do que aconteceu anteriormente: cada evento e fenômeno é apenas um elo em uma infinita corrente de causa e efeito. O determinismo não desconsidera completamente a influência da ação humana (ainda que o fatalismo, que pode ser visto como extensão lógica do determinismo, o faça), mas limita essa influência e a coloca dentro de um contexto muito maior de causas e consequências além do controle humano. Já os fatalistas argumentam que a humanidade deve aceitar que não tem influência sobre o que acontece no presente ou no futuro, já que o curso dos eventos já foi predeterminado. O destino, por assim dizer, já mostrou as cartas.

O determinismo dá um jeito de juntar pensadores de diferentes escolas de pensamento. Religiões que pregam ciclos de reencarnação, por exemplo, podem ser vistas como deterministas — você está destinado a continuar um ciclo de vida independente da sua intenção. Quase da mesma forma, o conceito teológico de predeterminação, como defende Agostinho de Hipona, coloca Deus no comando do que acontece no "panorama geral" em vez dos humanos. E também estão nessa os materialistas, que rejeitam totalmente a ideia do sobrenatural como porta-voz de um sistema em que tudo acontece não pela decisão consciente da mente humana, mas pela interação de matéria inconsciente. Que um atomista como Epicuro e um cristão calvinista possam se juntar sob a crença de que temos pouco ou nada a dizer a respeito de como se dá a passagem de nossas vidas e nosso mundo, representa realmente uma "aliança profana".

Ainda que o determinismo possa ser rastreado até as profundezas da antiguidade (Aristóteles está entre os que descreveram a ideia geral), podemos dizer que a exposição mais famosa do determinismo (às vezes chamado de "argumento preguiçoso") aparece em *Contra Celso* (meados do século III), um tratado escrito por Orígenes de Alexandria:

> Se está escrito que você se recuperará dessa doença, então, independentemente de você consultar um médico ou não, assim acontecerá. Mas se o destino diz que você não será curado, então, independentemente de você consultar um médico ou não, assim acontecerá. Mas o destino determinou que você se recuperará dessa doença ou que não se recuperará. Portanto, é inútil consultar um médico.

Avanços científicos, das leis de Newton no século XVII à Teoria do Big Bang, costumam ser cooptados por deterministas como provas de um cosmo em que leis universais além do nosso controle são muito mais significativas do que as ações de qualquer indivíduo poderiam ser. Como disse Leucipo, mestre de Demócrito, centenas de anos antes: "Nada ocorre aleatoriamente, mas sim tudo por um motivo e necessidade". Mas e quanto à moralidade pessoal, se aceitarmos que o mundo seguirá seu caminho, alheio a como nos comportamos, e que até mesmo consultar um médico não faz diferença para a nossa saúde? Por que uma pessoa deveria fazer a coisa "certa", altruísta ou sábia, qualquer coisa que não fosse aquela provocada pela vontade ou o instinto? Para aqueles que gostariam de um mundo em que os indivíduos se comportam de um modo consciente quanto a seu impacto sobre os outros e o ambiente em geral, o determinismo que pende mais para o fatalismo oferece um prognóstico desolador. Pois, quando nossas ações não importam, sobra pouco espaço para moralidade ou ética.

A ideia é tão aterradora que certos filósofos a dispensam por completo. Descartes, por exemplo, argumentou que sempre temos "a capacidade de fazer ou não alguma coisa", e disse que, por natureza, o livre-arbítrio humano é "tão livre que é impossível limitar". Sem livre-arbítrio, por que a humanidade teria adotado posições morais tão abrangentemente usadas quanto, por exemplo, a virtude da democracia, ou o trabalho duro, ou a prudência e a caridade? É válido crer que tais bastiões de ideologia ética resultam de um ambiente determinista no qual a escolha da humanidade em "fazer a coisa certa" é algo irrelevante? Até Stephen Hawking (1942-2018), que poderia ser considerado um testa-de-ferro do materialismo e do determinismo (sob certas condições), achava haver um espaço relevante para a dúvida:

> Notei que mesmo pessoas que dizem que tudo é predeterminado e que nada podemos fazer para mudar sempre olham antes de atravessar a rua (...). É impossível basear sua conduta na ideia de que tudo está determinado, porque não se sabe o que foi determinado. Em vez disso, é necessário adotar a teoria mais efetiva de que temos livre-arbítrio e somos responsáveis por nossas ações.

Ficamos então com duas linhas de pensamento quando se trata de determinismo e livre-arbítrio. A primeira, variedade resiliente que pode ser vista em termos de incompatibilismo: a crença de que livre-arbítrio e determinismo não podem coexistir logicamente. Aqueles que rejeitam totalmente o livre-arbítrio (como os fatalistas) representam o "determinismo radical", enquanto os que acreditam que o livre-arbítrio é verdadeiro e o determinismo é falso podem ser descritos como libertários. Mas há uma segunda abordagem, mais suave também, conhecida como "compatibilismo", que diz que livre-arbítrio e determinismo não são, pela lógica, incompatíveis. É possível, segundo esse argumento, ser livre para escolher uma ação no presente sem que ela seja independente de causalidade prévia.

A famosa formulação de Arthur Schopenhauer diz que "o homem pode fazer o que quiser, mas não pode querer o que quer". Ou, em outras palavras, somos livres para escolher como agir, mas nossa escolha tem raízes em uma motivação (como compaixão, egoísmo ou luxúria) que não temos como escolher. O filósofo americano William James (1842-1910) era, no entanto, cético quanto a um determinismo suave, que caracterizava como um "atoleiro de evasão":

> Determinismo antiquado é o que podemos chamar de determinismo radical. Ele não se acanha diante de palavras como fatalidade, servo-arbítrio, necessidade e coisas do tipo. Hoje em dia, temos um determinismo suave, que odeia palavras mais rudes e, repudiando a fatalidade, necessidade e até predeterminação, diz que seu verdadeiro nome é liberdade, pois liberdade se trata apenas de uma necessidade que se compreende, e servo-arbítrio é idêntico à liberdade verdadeira.

William James também traçou uma linha bem clara entre a escolha do livre-arbítrio e o acaso: sendo o segundo, diz ele, antagônico ao determinismo. O acaso, disse ele, diz respeito a uma ou mais possibilidades que podem ocorrer, mas que não são unidas por uma corrente de causalidade.

Tudo se resume à questão de quanto alguém acredita que afetamos o mundo e quanto somos o produto de seus efeitos. Talvez o filósofo austríaco Otto Weininger (1880-1903) tenha acertado no alvo: "Se o homem não fosse livre, não teria como conceber a causalidade, e assim não formaria tal conceito. Ter a ideia de uma regra já constitui liberdade quanto a ela".

PARTE II:

Epistemologia

NÃO É O QUE VOCÊ SABE, É COMO VOCÊ SABE

"Questionamento algum pode ser tão útil
quanto aquele que busca determinar a natureza
e o escopo do conhecimento humano."

RENÉ DESCARTES,
***REGRAS PARA A ORIENTAÇÃO DO ESPÍRITO* (1684)**

Em nossa busca por sabedoria, é fácil acabar fixado em pepitas de conhecimento como objetivo final. Conhecimento é certeza. A não ser pelo fato de que a filosofia é tanto pela incerteza quanto pela certeza (como tenho certeza de que já ficou claro). Conhecer algo é por si só um mecanismo nada direto, e é aí que entra a epistemologia. Epistemologia é o ramo da filosofia que se ocupa da teoria do conhecimento em si: o que é conhecimento, como o adquirimos e como podemos confiar nele? Continuando a citação acima, Descartes disse:

> Questionamento algum pode ser tão útil quanto aquele que busca determinar a natureza e o escopo do conhecimento humano. Essa investigação deve ser empreendida pelo menos uma vez na vida por qualquer um que tenha o mínimo apreço pela verdade, já que é em sua busca que os verdadeiros instrumentos do conhecimento e todo o método de questionamento se revelam. Mas nada parece ser mais fútil do que a conduta daqueles audazes que duvidam dos segredos da natureza (...) sem jamais terem se perguntado se o raciocínio humano é adequado para a resolução desses segredos.

A questão fundamental da epistemologia pode ser destilada na seguinte pergunta: "Como saber o que sabemos?". É necessário, então, considerar o que entendemos como conhecimento. Filósofos gastaram milhões de palavras tentando conceber uma resposta definitiva. Não existe, infelizmente, uma que seja inequívoca. Mas conhecimento como a consciência e entendimento de algo real talvez seja, pelo menos para o nosso propósito, um bom lugar para se começar.

Conhecimento, no nível mais fundamental, precisa ser verdadeiro. Dizem que o rei britânico George III certa vez tentou apertar a mão de uma árvore, acreditando ser o rei da Prússia. Sem dúvida, George estava convencido do "fato", mas seu conhecimento era falho: não era verdade. Em *Metafísica* (350 a.C.), Aristóteles assinalou (em uma linguagem pensada não necessariamente para assegurar a clareza): "Algo é falso quando diz que o que é, não é, ou que o que não é, é. No entanto, algo é verdadeiro quando diz que o que é, é, ou que o que não é, não é". Mas além de possuir a verdade, o conhecimento também deve ser algo em que se acredita ser verdade. Só é possível saber de algo quando se acredita nisso. George III não acreditava que uma árvore fosse uma árvore, portanto, não possuía tal conhecimento, ainda que a árvore fosse de fato uma árvore. Mas o conhecimento existia para o servo de George, que acreditava que a árvore era uma árvore e não o rei da Prússia. Alguns pensadores lançaram dúvidas sobre a tese de que conhecimento requer verdade e crença.

No entanto, há outro fato que se prova ainda mais controverso: justificativa. Para que conhecimento seja considerado conhecimento, a pessoa que assim nele acredita precisa ter um bom motivo para tal. Imagine que enfileiremos nove árvores e o rei da Prússia na frente de George III. Ele tenta cumprimentar uma árvore por vez, certo de que cada uma delas é o prussiano. Então, ele acaba chegando ao rei e o cumprimenta. "Bem-vindo, rei da Prússia", diz ele. Mas será que George sabe mesmo que é o rei da Prússia? Ou simplesmente deu sorte, "reconhecendo" o rei apenas depois de não conseguir reconhecer que ele não era uma das nove árvores?

Então, de forma geral, esperar que algo seja correto não é considerado uma justificativa para reivindicar conhecimento. Mas o que podemos considerar como justificativas aceitáveis? É aqui que começa a diversão. Evidencialistas, por exemplo, avaliam que uma crença se justifica quando se alinha às evidências disponíveis ("Acredito que aquela coisa alta, de madeira e cheia de folhas que vejo ali é uma árvore."). No entanto, como veremos, o limiar para a evidência é por si só altamente contestável — é só considerar a batalha travada, por exemplo, entre empiristas e racionalistas pelo direito de afirmar o conhecimento. Paralelamente, a doutrina do infalibilismo sugere que não basta apenas verdade e crença, mas que também não deve haver potencial de dúvida. Há um país na Ásia chamado Vietnã e eu acredito que isso seja verdade, mas se eu nunca pisei no Vietnã, então devo considerar minha fé em sua existência como crença, e não conhecimento. Em contraste, o fiabilismo impõe um limite de evidências menos rigoroso. Se uma crença é derivada de uma base confiável ("eu vi uma foto de um amigo de férias no Vietnã, então eu sei que o Vietnã existe"), então a afirmação de conhecimento é justificada.

Mas e quanto à autoridade? Se você aceita a fiabilidade da evidência fotográfica do seu amigo, por que deveria eu, que não o conheço? E o que dizer de, por exemplo, textos religiosos? Como sabemos, por vastos períodos da história da filosofia ocidental, a bíblia foi vista como um texto confiável — nada menos que uma fonte de conhecimento. Mas, em uma era em que a fé na infalibilidade das escrituras em muito se reduziu, como a filosofia se entende com a mudança de critério quanto ao que constitui uma crença justificável?

Nos capítulos a seguir, daremos uma olhada mais profunda nas escolhas de pensamento que competem nesse sentido, a respeito de como podemos justificar nosso conhecimento. Além dos empiristas (com seu apoio na experiência como base do conhecimento) e racionalistas (que dão crédito às faculdades inatas da mente), encontraremos o ceticismo (cujo ganha-pão é duvidar do conhecimento), pragmatismo (onde o efeito de algo sobrepõe tudo mais), ciência e lógica. Aqui há também menções honrosas ao representacionismo (a crença de que o mundo que percebemos é uma réplica, produzida internamente, de como o mundo realmente é) e ao construtivismo (que presume que o conhecimento é uma construção manufaturada por uma combinação de percepção, tradição e códigos sociais). Como afirmava Gaston Bachelard (1884-1962): "Nada procede de si mesmo. Nada é dado. Tudo é construído".

TEM CERTEZA?

Nos anos 1960, um americano chamado Edmundo Gettier começou a questionar se sempre era possível reivindicar conhecimento mesmo quando supridos os três critérios tradicionais (verdade, crença, justificativa). Imagine, por exemplo, que você está olhando para um campo e acredita ter visto uma ovelha. Na verdade, é um amigo seu pregando uma peça. Ele está fantasiado de ovelha. No entanto, em outro canto do campo há uma vala onde uma ovelha de verdade caiu, mas fora da sua linha de visão. Você acredita que há uma ovelha no campo e tem bons motivos para acreditar nisso (você viu uma forma de ovelha) e há, de fato, uma ovelha no campo (oculta ern uma vala). A clássica configuração "crença verdadeira e justificada" que se costuma aceitar como algo que representa a verdade foi alcançada. No entanto, seu "conhecimento" é claramente falho. Ele leva a um pressuposto correto, mas baseado em uma premissa falsa. Então, o que você sabe de verdade?

SAIBA QUE VOCÊ NÃO SABE TUDO

"O que eu não sei, eu não acho que sei."

SÓCRATES,
COMO CITADO POR PLATÃO EM *APOLOGIA* (399 A.C.)

É certo que os verdadeiros sábios são os que sabem mais. Certo? Bem, não necessariamente. Enquanto a sabedoria pode ser vista como uma batalha contra a ignorância e falta de conhecimento, é notável o interesse que grande parte dos maiores pensadores na história teve em apontar as limitações de seus conhecimentos.

Quando George W. Bush era presidente dos Estados Unidos, seu secretário de defesa, Donald Rumsfeld, fez a seguinte declaração: "(...) como sabemos, há 'conhecidos conhecidos', coisas que sabemos que sabemos. Também sabemos que há 'desconhecidos conhecidos', o que significa que sabemos que há coisas que não sabemos. Mas também há 'desconhecidos desconhecidos' — coisas que não sabemos que não sabemos". Ele foi deveras ridicularizado pela declaração e, no contexto em que foi feita (em resposta a uma pergunta a respeito da existência ou não de provas que ligassem Saddam Hussein a armas de destruição em massa), mereceu uma crítica pesada. Filosoficamente, no entanto, Rumsfeld estava trazendo ao público um debate interessante: qual é a relação entre a ignorância e a sabedoria de alguém e como reconhecer as lacunas no nosso conhecimento em relação à nossa sabedoria?

Como de costume, podemos nos voltar para a Grécia antiga atrás de um precedente para a ideia maior. Platão menciona seu velho professor, Sócrates, na passagem que abre este capítulo. A citação costuma ser parafraseada como "tudo que sei é que nada sei" e é conhecida como o paradoxo socrático, já que a segunda oração parece contradizer a primeira: como é possível saber que não se sabe nada? O paradoxo está aberto a muita interpretação. Há quem argumente que expressa as dúvidas que Sócrates tinha quanto à própria natureza da realidade. Somos seres sencientes que podem experimentar e interpretar o mundo ao nosso redor, mas e se a realidade não for como parece? Como podemos dizer ter conhecimento verdadeiro se aquilo de que temos conhecimento é ilusório? Outros, contudo, já sugeriram que o paradoxo se preocupa mais com a noção de que é possível saber um fato sem entender de verdade o que ele significa. Podemos dizer: "Nós sabemos que o sol é quente". É uma frase aparentemente inquestionável e poucos deixariam de entender seu significado ou tentariam se opor à declaração. Mas decomponha a frase, palavra por palavra, e podemos começar a duvidar do que exatamente estamos falando. O que queremos dizer com"nós"? As pessoas? Mas o que exatamente faz de uma pessoa uma pessoa? Como exatamente podemos presumir uma unidade? E quanto ao fato de sermos cada um de nós um particular, um indivíduo que, por acaso, compartilha semelhanças fisiológicas com outros particulares? E o que queremos dizer com "sabemos"? Como destaca o título deste capítulo, saber é uma palavra muito mais carregada de significado do que você pode imaginar a princípio. O que é a coisa que chamamos de sol? Qual é sua natureza? Um turbilhão aleatório de gás no vazio? "É" é o presente do indicativo do verbo "ser", mas o que significa ser? O sol ao menos existe como entidade física no espaço e no tempo ou é só um produto de nossas mentes? Vemos uma aparentemente sólida bola de luz no céu, mas a ciência nos diz que o sol não é uma bola sólida. Então como a aparência que temos do sol se relaciona com a "realidade"? Quando a luz que emana do sol chega aos nossos olhos, não é apenas um reflexo da imagem do sol como ele era alguns minutos atrás? E o que queremos dizer com "quente"? Calor não tem dimensões físicas ou uma existência temporal. Em vez disso, "calor" é uma manifestação sensorial de um estado de fluxo e todos tendemos a sentir temperaturas de maneiras diferentes. De repente, nossa simples afirmação de um fato se tornou uma certeza muito menor.

A noção de que não é apenas razoável, mas deveras essencial, admitir que não sabemos muito leva a uma das mais famosas declarações de toda a filosofia, a observação feita por René Descartes: *"Je pense, donc je suis"* ("Penso, logo existo", ou, em latim: *"cogito ergo sum"*). Mas como ele chegou a essa marcante conclusão?

A chave para a abordagem de Descartes era o desejo de descartar toda presunção e, em vez disso, estabelecer o que é possível saber com certeza, usando isso como fundação para toda investigação filosófica que viesse depois. Ele queria clareza completa, que acreditava que até o momento estava ausente na história da investigação intelectual. "Notei que [a filosofia] foi cultivada por eras pelos mais célebres homens", disse ele, "e que, mesmo assim, não há uma única questão em sua esfera que não continue sendo debatida. E nada, portanto, está acima de dúvida (...)". Para estabelecer o que é possível saber, Descartes se voltou para a mais pura lógica.

Ele iniciou sua missão em *Discurso sobre o Método* (1637), no qual jurou "nunca aceitar como verdadeira qualquer coisa que não saiba sê-lo com total clareza, ou seja, ter cuidado para evitar conclusões precipitadas e preconceitos, e não incluir nada no julgamento que não tenha sido apresentado para a mente de maneira clara a ponto de eliminar qualquer possibilidade de dúvida". Em sua obra-prima *Meditações sobre Filosofia Primeira*, publicada quatro anos depois, ele buscou mostrar que virtualmente qualquer coisa pode ser colocada em dúvida na teoria, mesmo quando a dúvida parece ir contra o que temos como realidade. Enquanto os empiristas (ver na página 91) na época argumentavam que só podemos acreditar no que nossos sentidos nos provam, Descartes seguiu a linha de que nossos sentidos podem nos fazer acreditar em uma falsa realidade. Em outras palavras, o que nosso cérebro diz ser verdade pode ser mentira. Além disso, ele postulava que, se existe mesmo um deus, este poderia também tentar nos enganar para que tivéssemos ainda menos fé na veracidade de grandes "verdades" cósmicas.

Descartes empregou uma alegoria, conhecida como O Exemplo da Cera, para apoiar sua afirmação de que a dúvida a tudo domina. Peguemos um pedaço de cera, disse ele, e nossos sentidos nos dirão seu formato, tamanho, textura, cheiro e assim por diante. No entanto, aproximando a cera do fogo, ela se modifica para além do que poderíamos reconhecer, mas continua sendo a mesma cera. A habilidade dos nossos sentidos em nos dar uma representação precisa da realidade é completamente abalada: "E então, algo que achei estar vendo com meus olhos é, na verdade, compreendido exclusivamente pela capacidade de julgamento que está na minha mente".

Buscando os fugidios "princípios primordiais" que os filósofos tanto amam — as pepitas de conhecimento irrefutável de onde todo o conhecimento posterior emana —, Descartes concluiu que podemos ter certeza somente de uma coisa: "Penso, logo existo". Como explicou em seu *Discurso sobre o Método* (1637):

> Assim, visto que nossos sentidos nos enganam às vezes, eu quis supor que não havia coisa alguma que fosse tal como nos fazem imaginar. E como há homens que se equivocam ao raciocinar, mesmo sobre as mais simples matérias de geometria, e cometem paralogismos, e por julgar que eu estava sujeito a errar como qualquer outro, rejeitei como sendo falsas todas as razões que antes havia tomado como demonstrações (...), mas imediatamente observei que, enquanto desejava que tudo aquilo fosse falso, era absolutamente necessário que eu, que assim o pensou, fosse algo. E como observei que essa verdade — penso, logo existo — estava tão certa e tinha tantas evidências que dúvida alguma, por mais extravagante que fosse, poderia ser alegada pelos céticos capazes de abalá-la, concluí que posso, sem hesitar, aceitá-la como o princípio primordial da filosofia que eu buscava.

É justo dizer que "penso, logo existo" não oferece muito com o que se trabalhar. Mas o que isso fez foi isolar uma certeza objetiva sobre a qual uma estrutura de conhecimento podia ser construída. Onde ele parecia dizer que não poderíamos ter certeza de nada, Descartes jogou uma boia salva-vidas — aqui está a semente a partir da qual você pode cultivar seu conhecimento por meio de um rigoroso racionalismo. Em comum com Sócrates, uns 2 mil anos antes, Descartes defendeu que, reconhecendo o que não podemos saber, damos a nós mesmos a chance de expandir nossa sabedoria. Foi uma revelação que mudou o caminho do pensamento filosófico para sempre — ainda que não deva ser surpresa que certos críticos posteriores lançaram dúvidas até sobre a certeza de que o pensamento prova a existência. Descartes, sem dúvida, teria aprovado a relutância desses críticos em dar qualquer coisa como certa.

SOU (DES)INTELIGENTE DEMAIS PARA MIM

Não é nada exagerado dizer que a cruzada de Sócrates para provar sua própria falta de conhecimento acabou custando sua vida. Como conta a história, quando o lendário Oráculo de Delfos proclamou que Sócrates era a pessoa mais sábia da Terra, o filósofo passou a tentar refutar a tese. Ele saiu passando um pente fino por Atenas buscando as maiores mentes e armou embates intelectuais com compatriotas na esperança de se mostrar menos sábio. Em vez disso, ele se deu conta, repetidamente, que os argumentos de seus interlocutores eram todos falhos, o que lhe rendeu muitos inimigos por apontar tal fato. Sócrates estava feliz em reconhecer suas lacunas de conhecimento, mas outros estavam menos abertos a críticas. Os líderes da cidade logo se cansaram das dúvidas que Sócrates havia lançado sobre a autoridade deles e o acusaram de ser ímpio e corromper a juventude ateniense. Considerado culpado, recebeu as opções de exílio permanente ou a morte. Ele escolheu a segunda opção, bebendo cicuta para acelerar seu fim.

NA CONVERSA

"A vida não examinada não vale a pena ser vivida."

SÓCRATES,
CITADO POR PLATÃO EM *APOLOGIA* (399 A.C.)

No panteão dos três grandes filósofos da Grécia antiga — Sócrates, Platão e Aristóteles —, Sócrates é o primeiro, cronologicamente. Do trio, a reputação de Sócrates é a que mais se apoia em como ele influenciou a metodologia da filosofia, mais do que aonde a metodologia o levou. De fato, para alguns (incluindo aqueles que o julgaram), ele não passava de um sofista, um professor mais preocupado em ganhar uma disputa do que ter o argumento "correto". Enquanto a caracterização é fundamentalmente injusta (e foi veementemente negada pelo próprio Sócrates), ela sugere bem o motivo de ele ser uma figura tão proeminente. Em uma época em que fenômenos eram dados como certos ou explicados em um contexto sobrenatural, Sócrates demandava que filósofos esmiuçassem suas ideias como nunca antes havia sido feito. Se o microscópio já tivesse sido inventado à época, Sócrates seria o tipo de homem que insistiria para que tudo passasse pelo aparelho. Não era suficiente afirmar uma verdade: era preciso provar. A frase que abre este capítulo, que teria sido pronunciada por ele em seu julgamento, revela a importância que Sócrates dava ao processo. A investigação intelectual era essencial para uma vida bem vivida.

A mãe de Sócrates era parteira, e no diálogo *Teeteto* (*c.* 369 a.C.), Platão retrata Sócrates comparando o ofício de filósofo ao de sua progenitora (ao ler essa passagem, é válido lembrar que a antiga Atenas não era uma cidade igual em oportunidades):

> A arte obstétrica que pratico é praticamente como a delas, a única diferença é que meus pacientes são homens, não mulheres, e meu interesse não é com o corpo, mas com a alma em seu trabalho de parto. E o ponto em que minha arte é superior é no poder de provar a cada teste se a cria do pensamento de um jovem é uma

> falsidade ou condizente à vida e à verdade. Neste caso em particular, sou deveras como a parteira, não posso trazer à luz a sabedoria sozinho, e a crítica comum é verdadeira, de que apenas interrogo o outro, nunca trazendo de mim mesmo algo à luz, porque sou desprovido de sabedoria. A razão é esta: o divino me força a servir como parteira para o outro, mas me impede completamente de conceber. Então, por mim mesmo, não tenho qualquer sabedoria, nem qualquer descoberta que possa ser considerada um rebento da minha alma. Alguns daqueles que costumam me acompanhar podem parecer, à primeira vista, pouco inteligentes, mas, avançando com nossas discussões, todos os favorecidos pela divindade progridem admiravelmente, tanto em seu ponto de vista quanto no de outros.[2]

Ao possibilitar aos outros o nascimento de suas ideias mais profundas, a principal ferramenta de Sócrates era um modo de indução por argumentação que hoje é conhecido como método socrático (ou dialético). Raciocínio por indução exige que discórdias e ideias específicas sejam investigadas com o objetivo de chegar a uma verdade mais geral. O método dialético de Sócrates exige que qualquer proposição ou ideia seja minuciosamente examinada e testada, em um tipo de pugilato intelectual entre dois ou mais indivíduos. Por um processo de vigorosa análise cruzada, os participantes do método são compelidos a afiar suas referências e testar a durabilidade de seus argumentos. Se uma ideia se mostra falha, deve então ser colocada de lado ou ser revisada para eliminar sua fraqueza. Sendo assim, o participante sai do diálogo com mais conhecimento e, por fim, com mais sabedoria. Pela defesa que fazia de seu método, Sócrates costuma ser citado como o homem que preparou o terreno para a investigação científica.

Como exemplo do método dialético em ação, o diálogo *Eutífron* (conforme descrito por Platão por volta de 390 a.C.) é didático. Tendo

2 Abril Cultural 1973. (N.T.)

sido incitado por Sócrates a explicar o que quis dizer com "pio" [devoto, caridoso], Eutífron responde que algo pode ser assim considerado se é querido pelos deuses. Mas, diz Sócrates, os deuses não discutem às vezes entre si mesmos, principalmente no que diz respeito a objetos de grande amor ou ódio? Eutífron é compelido a concordar. Então, continua Sócrates, se um objeto que é amado por um deus e odiado por outro pode existir, isso deve significar que existe um estado simultâneo de "pio" e "ímpio". Uma noção, admite Eutífron, que é logicamente insustentável. Como resultado, Eutífron precisa revisar seu entendimento do que significa ser pio.

O modelo dialético de Sócrates é notável não apenas por sua duradoura robustez. É um método de questionamento intelectual que resistiu ao tempo e continua funcionando de forma eficaz até hoje. Além disso, provou ser a base sobre a qual outros filósofos desenvolveram suas próprias variações. Entre as que mais se destacam está a de Georg Hegel, cujo sistema de dialética compreende três fases distintas:

- Tese: uma ideia é posta;
- Antítese: reação à tese que inicia uma visão oposta ou que a nega completamente;
- Síntese: uma recolocação da tese que leva em conta a tese original e sua antítese.

O modelo de Hegel (ao qual às vezes ele se referia como "abstrato-negativo-concreto") é nada menos que uma dialética para toda a existência e história, sendo toda a vida, passada e presente, parte de um vasto processo dialético. Ele, por sua vez, inspirou ainda mais pensadores, como Karl Marx e Friedrich Engels, no século XIX, quando desenvolviam suas teorias de materialismo dialético. Enquanto a dialética de Hegel focava no papel da percepção individual, Marx e Engels se concentraram no impacto social de "realidades", como classe e riqueza, e a forma como isso se deu ao longo da história humana. Marx explicou a diferença em *O Capital*, publicado em volumes entre 1867 e 1883:

> Meu método dialético não é apenas diferente do hegeliano, mas é seu oposto direto. Para Hegel, o processo vital do cérebro humano, no caso, é o processo de pensar, que, sob o nome de "ideia", até se transforma em um sujeito independente, o demiurgo [criador] do mundo real, e o mundo real é apenas a forma externa e fenomenológica da "ideia". Comigo, pelo contrário, o ideal nada mais é do que o mundo material refletido pela mente humana e traduzido em suas formas de pensar.

Naturalmente, houve vozes influentes lançando dúvidas sobre a utilidade da dialética, especialmente avisando que poderia servir para disfarçar preconceitos pessoais. Por exemplo, Nietzsche escreveu, em *Além do Bem e do Mal* (1886), que filósofos:

> ... não são suficientemente honestos em sua obra, ainda que façam uma boa barulheira quando o problema da verdade é tocado mesmo que remotamente. Todos agem como se tivessem descoberto e alcançado suas opiniões pelo desenvolvimento de uma dialética fria, pura e alheia a ponto de ser divinizada (...), enquanto no fundo disso há uma suposição, uma intuição, um tipo de "inspiração", um desejo vindo da intimidade, o qual foi filtrado e tornado abstrato, que faz com que eles o defendam com razões que eles buscam posteriormente.

O grande filósofo da ciência do século XX, Karl Popper, era também um cético. Em um estudo de 1937 que ele chamou de *O Que É a Dialética?*, Popper alegou que o método encorajava filósofos "a aturar as contradições" e que "deveria nos lembrar de que a filosofia não deveria ser transformada em uma base para qualquer tipo de sistema científico e que filósofos deveriam ser mais modestos em suas declarações".

Mesmo com todas essas preocupações, quão mais pobre seria a filosofia com sua ausência? A dialética é um método que persiste há séculos, pelo qual uma ideia "crua" pode ser refinada em uma versão completa e final de si mesma — um processo de evolução no qual uma ideia não nasce certa ou errada, mas é a ela permitido que amadureça ao longo do tempo. Como Platão escreveu em *A República* (*c.* 375 a.C.): "Quando alguém se esforça, sem a ajuda dos sentidos, e sim por meio do raciocínio, em buscar a realidade de tudo, sem nunca se deter antes de apreender apenas pela inteligência a essência do que é o bem, essa pessoa atinge o limite do mundo intelectual".

UMA MOSCA NA SOPA

Dizem que Aristóteles chamava a si mesmo de "mosquito do povo ateniense", pelo modo como andava por aí, desafiando todos a sair da complacência usando seu método. Por sua vez, ele creditava a Zenão de Eleia o título de verdadeiro pai da dialética. Algumas décadas mais velho que Aristóteles, Zenão era famoso por seus paradoxos que, entre outras coisas, lançavam dúvidas lógicas sobre sensos comuns, como a natureza do movimento e a existência da "variedade". "Se ser é algo múltiplo", argumentava, "deve tanto ser semelhante quanto diferente, e isso é impossível, já que nem o semelhante pode ser diferente, nem o diferente pode ser semelhante". Um expoente do que viria a ser chamado de *reductio ad absurdum* (literalmente, redução ao absurdo), sua grande conquista foi pegar uma tese e sujeitá-la aos mínimos detalhes, precedendo assim o próprio Aristóteles.

LIGANDO OS PONTOS

"Ele [Aristóteles] penetrou no universo maior das coisas e sujeitou sua riqueza dispersa à inteligência, e a ele um grande número de ciências filosóficas deve sua origem e distinção."

GEORG WILHELM FRIEDRICH HEGEL,
***FILOSOFIA DA HISTÓRIA* (1833)**

Antes de nos lançarmos mais a fundo na epistemologia, parece ser um bom momento para fazermos um rápido desvio e uma olhada rápida na contribuição de Aristóteles à filosofia como um todo. Falamos muito sobre Platão nos capítulos anteriores, sobre metafísica, e acabamos de ler a respeito da extraordinária contribuição de Sócrates para a epistemologia. Então, por que Aristóteles iguala-se (e há quem diga que até supere) aos dois como o nome mais proeminente nesse campo?

Na verdade, um capítulo sobre Aristóteles poderia ser inserido em praticamente qualquer parte deste livro. A característica que talvez o destaque seja o alcance de seus feitos. Aluno de Platão (que, por sua vez, foi aluno de Sócrates), Aristóteles foi a figura que unificou pela primeira vez, de forma compreensiva, os muitos ramos da filosofia em um sistema abrangente. Seu trabalho acolheu metafísica, epistemologia, ética, política, ciência, lógica, estética e muito mais. Ele sintetizou modos de pensamento humano antes separados em algo que incluía tudo que hoje compreendemos como filosofia. Ele também assumiu, de modo crucial, um posicionamento mais realista em diversos assuntos, o que garantiu que a filosofia fosse vista por suas implicações no mundo real, e não como um passatempo para velhos barbudos coçando o queixo.

Embora devotado a seu mestre Platão, ele não evitava discordar de seus ensinamentos. De modo geral, ele rejeitava a Teoria das Ideias, por exemplo, seguindo uma direção que abriu caminho para que o empirismo se tornasse o modo de pensamento filosófico dominante. Aristóteles expôs seu argumento do terceiro homem, que tentava, basicamente, provar que o mundo das ideias de Platão era um conceito insustentável. "Se o primeiro homem é o homem ideal no mundo das ideias", disse Aristóteles, "e o segundo é o homem terreno — que reconhecemos em suas muitas variações devido às semelhanças com o primeiro homem —, como conseguimos discernir entre o homem ideal e as muitas formas do homem terreno? Só pode ser porque temos em nossa mente um ideal de homem ideal — em outras palavras, o terceiro homem. Ele, por sua vez, deve ter um ideal também para que possamos discerni-lo e assim por diante". A grande contribuição de Platão para a metafísica foi então enfraquecida pelo seu próprio aluno, que buscava um sistema que podemos considerar mais "realista" do mundo ao nosso redor.

Aristóteles também fez uma clara distinção entre a virtude intelectual da sabedoria (*sophia)* e a virtude mais "prática" e prudente da *phronesis* — a habilidade de imaginar um objetivo e detectar como alcançá-lo, utilizando a experiência prática, bons hábitos, caráter firme e similares. Ele considerava que *phronesis* facilitava a *sophia* e que as duas virtudes combinadas eram necessárias para alcançar a sabedoria mais elevada. Em *Ética a Nicômaco*, ele disse que "(...) ainda que os jovens possam ser especialistas em geometria e matemática e ramos similares do conhecimento, não achamos que um jovem possa ter prudência. O motivo é que a prudência inclui um conhecimento particular de fatos, algo que deriva da experiência que um jovem não possui, pois a experiência é fruto do passar dos anos".

Aristóteles também fez uma grande contribuição no estabelecimento de como estruturamos nosso conhecimento coletivo. Por muito tempo, assumiu-se que, quando Platão morresse, o controle de sua celebrada Academia em Atenas passaria para Aristóteles. Na verdade, após a morte de Platão, por volta de 348 a.C., o sobrinho dele assumiu. Aristóteles deixou Atenas e foi para Jônia, uma região costeira que hoje é parte da Turquia. Filho de um médico, Aristóteles lá pode se deixar levar por sua paixão pela biologia e ciências naturais, o que o permitiu abordar a flora e a fauna de um modo que os métodos mais abstratos de Platão impediam. Enquanto Platão presumia que o raciocínio marcava o caminho para a sabedoria, Aristóteles suspeitava que a observação do mundo natural forneceria evidências para outras verdades naturais.

Seu trabalho na Jônia resultou no desenvolvimento de um sistema hierárquico de classificação que forma a base da taxonomia que usamos até hoje. Ele começou dividindo as coisas em categorias vivas e não vivas, e depois o mundo vivo em subcategorias mais lógicas — de coisas vivas para plantas e animais, plantas para gramíneas, árvores e arbustos, e animais para terrestres, aquáticos, aéreos, e assim por diante. Além das características físicas, ele também desenvolveu quatro "causas" para explicar a existência:

- Do que algo é feito.
- Que forma assume.
- Como é criado.
- Qual é seu propósito (*telos*).

Dessa forma, Aristóteles sintetizou aspectos de metafísica, epistemologia e ética, tendo como objetivo um novo entendimento do mundo ao nosso redor. Como o grande escritor contemporâneo de Shakespeare, Ben Jonson, escreveu em 1641: "Aristóteles foi o primeiro crítico e verdadeiro juiz — o maior filósofo que o mundo já teve, pois percebeu os vícios de todos os conhecimentos, em todas as criaturas, e dos muitos acertos dos homens em muitos ciências, ele concebeu uma única Arte".

GRANDES MENTES

Por um tempo, Aristóteles serviu como tutor de Alexandre, o Grande, tendo sido empregado por seu pai, Filipe II da Macedônia. Alexandre viria a levar consigo os ensinamentos de seu mestre em suas campanhas militares, o que acarretou a disseminação deles para o leste. Aristóteles retornou a Atenas em 335 a.C., fundando seu Liceu (concorrente da Academia de Platão). No entanto, sua associação com Alexandre viria a assombrá-lo. Quando Alexandre morreu, em 323 a.C., houve uma onda de sentimento antimacedônio na cidade, o que forçou Aristóteles, acusado de sacrilégio, a fugir. Ele foi parar em Cálcis (na ilha de Eubeia), onde morreu de causas naturais um ano depois.

VOCÊ NÃO ACHA MESMO ISSO, ACHA?

"Ceticismo é o primeiro passo em direção à verdade."

DENIS DIDEROT,
***PENSAMENTOS FILOSÓFICOS* (1746)**

Imagine se tudo que você acha que sabe estivesse errado. Se todas as coisas que lhe contaram ser verdade, não fossem. É um pensamento bem assustador. Mas há algum modo de evitar a possibilidade de um desastre como esse? O filósofo grego Pirro de Élis (*c.* 360 a.C. a *c.* 270 a.C.) achava que poderia haver. Confrontado pela miríade de versões da "verdade" apresentadas por diversas escolas filosóficas, ele não conseguia diferenciar um jeito de provar pela lógica qual das diferentes versões do mundo estavam certas e quais não estavam. Sua resposta, então, foi rejeitar qualquer ideia que não pudesse ser justificada de modo racional — uma abordagem denominada "ceticismo prático". O ceticismo, em termos filosóficos, diz que, como não podemos ter total certeza no conhecimento humano, então devemos evitar fazer qualquer afirmação absoluta quanto à verdade.

Infelizmente, não temos acesso aos textos do próprio Pirro, então seus ensinamentos estão preservados unicamente nos escritos de outros, mais notadamente de seu aluno Tímon de Fliunte (*c.* 320-230 a.C.) e de Sexto Empírico (século III d.C.). Com eles, aprendemos o conceito de *acatalepsia*, criado por Pirro — a impossibilidade de verdadeiramente compreender alguma coisa. Somos capazes de entender algo, disse ele, apenas como nos parece, não como realmente é. Portanto, é impossível saber o que é verdadeiro e certo e o que é falso e errado. Sendo assim, precisamos aceitar que nada podemos saber com certeza, o que, por sua vez, nos permite um certo tipo de paz interior. Dessa forma, toda afirmação que ele fez a partir desse conceito foi precedida pelo embargo de um "talvez" ou "me parece", que podemos presumir ter ficado um tanto incômodo depois de um tempo.

É possível rastrear as origens da posição de Pirro ainda mais longe. A dialética de Sócrates é, essencialmente, um mecanismo para lançar dúvidas sobre a veracidade de tudo, ainda que permita a possibilidade de a certeza emergir do processo. Sua máxima "o que eu não sei, eu não acho que sei" pode ser interpretada como um manifesto protocético. Em *O Sofista* (escrito por volta de 360 a.C.), Platão escreveu: "Urge, então, combater por todos os meios quem suprime, assim, o conhecimento, o pensamento e a inteligência e ainda ousa afirmar alguma coisa sobre qualquer coisa".

Em meados do século II a.C., Carnéades nos forneceu uma das mais memoráveis formulações baseadas nos ensinamentos de Pirro. Respondendo se o conhecimento humano é possível, ele disse: "Não podemos ter certeza de nada. Nem mesmo disso [que falei]". Então, o cético Agripa apresentou seus cinco maiores motivos para dúvida no século primeiro d.C.:

- **Divergência** — incerteza evidenciada por diferenças de opinião.
- **Progresso** *ad infinitum* — um ciclo infinito de provas que necessitam elas mesmas de declarações comprobatórias.
- **Relação** — uma prova que se altera sob outras circunstâncias ou quando vista de uma perspectiva diferente.
- **Presunção** — uma afirmação baseada em um pressuposto não comprovado.
- **Circularidade** — declaração de verdade envolvendo um raciocínio circular, de forma que a prova depende da afirmação original.

O ceticismo foi deixado de lado por muitos séculos, sendo seus princípios completamente incompatíveis com as grandes religiões abraâmicas — o ceticismo exige que reconheçamos a dúvida e deixemos de lado nosso desejo de acreditar que qualquer coisa seja verdade, enquanto a religião exige que aceitemos como verdadeiro aquilo que é impossível de provar e, portanto, é necessariamente coberto de dúvidas (a própria essência da fé). Mas o iluminismo mudou o jogo novamente. Descartes, por exemplo, desenvolveu sua tese a partir de uma posição fundamentalmente cética. "Penso, logo existo", é, afinal, uma rejeição implícita de qualquer outro conhecimento. O crítico literário Antoine-Léonard Thomas (1732-1785) foi ainda mais longe, reconfigurando a famosa declaração: "Duvido, logo penso, logo existo". Descartes afirmou em sua obra *Princípios de Filosofia* (1644): "Para buscar a verdade, é necessário, ao menos uma vez na vida, duvidar de todas as coisas, da maneira mais profunda possível" (no entanto, Descartes não considerava a si mesmo um cético, como demonstra esta afirmação em *Discurso sobre o Método:* "Procurando principalmente refletir a respeito de cada coisa, sobre o que podia torná-la suspeita e dar ocasião para enganos, ia desenraizando, ao mesmo tempo, do meu espírito, todos os erros que até então aí se haviam insinuado. Não que nisso imitasse os céticos, que apenas duvidam por duvidar e acabam por ser sempre irresolutos, mas, ao contrário, todo o meu intuito era conquistar certeza").

Hegel reconhecia que o ceticismo, ainda que não destituído de problemas, tinha um papel na filosofia do próprio Hegel. Em *Fenomenologia do Espírito* (1807), ele escreveu:

> A diferença entre apoiar-se em uma autoridade alheia e firmar-se na própria convicção – no sistema do visar e do preconceito – está apenas na vaidade que reside nessa segunda maneira. Ao contrário, o ceticismo que incide sobre todo o âmbito da consciência fenomenal torna o espírito capaz de examinar o que é verdade, enquanto leva a um desespero, a respeito de representações, pensamentos e opiniões pretensamente naturais. É irrelevante chamá-los próprios ou alheios: enchem e embaraçam a consciência, que procede a examinar diretamente a verdade, mas que, por causa disso, é de fato incapaz do que pretende empreender.[3]

Outros, no entanto, argumentaram que o ceticismo é essencialmente uma obstrução à busca do conhecimento. Bertrand Russell — uma figura que não é conhecida por aceitar algo prontamente — escreveu em *Meu Desenvolvimento Filosófico* (1959): "Não acho possível chegar a lugar algum se começarmos a partir do ceticismo. Precisamos

3 Editora Vozes, 2017. (N.T.)

começar de uma aceitação mais ampla do que quer que pareça ser conhecimento e não tenha sido rejeitado por alguma razão específica". No século XVIII, o escocês Thomas Reid defendeu que o ceticismo era por si só racionalmente insustentável. Se nossa percepção e faculdades cognitivas não são confiáveis, como dizem os céticos, então o processo de raciocínio que leva alguém a assumir um ponto de vista cético deve não ser confiável também. Ou rejeitamos o ceticismo, porque nos diz que devemos rejeitar qualquer produto de um raciocínio potencialmente não confiável, ou o rejeitamos porque não podemos confiar no raciocínio que gerou a teoria em primeiro lugar.

Naturalmente, sempre há alguém que sugira um meio caminho moderado. Nessa linha, destaca-se o grande cosmólogo e comunicador científico Carl Sagan. Em *The Burden of Skepticism* (*O Fardo do Ceticismo*, 1987, sem tradução para o português), ele escreveu:

> A mim parece necessário um equilíbrio muito cuidadoso entre duas necessidades conflitantes: a análise mais cética de todas as hipóteses que nos são apresentadas e, ao mesmo tempo, uma grande abertura a novas ideias. Se você for somente cético, nenhuma ideia nova chegará até você, nunca aprenderá nada de novo. Acaba se transformando em um velho excêntrico convencido de que o mundo é governado por baboseiras (é claro, não faltam dados para apoiar essa opinião). Mas, de quando em quando, uma nova ideia acaba acertando, válida e maravilhosa. Se você estiver afundado no hábito de ser cético quanto a tudo, não perceberá ou se sentirá provocado. De qualquer modo, estará bloqueando o caminho da compreensão e do progresso. Por outro lado, se estiver aberto a ponto de ser ingênuo e não tiver uma gota de ceticismo, não conseguirá distinguir as ideias úteis das inúteis.

NADA SUPERA A EXPERIÊNCIA

"(...) a experiência é nosso único guia ao racionalizar fatos (...)."

DAVID HUME,
***INVESTIGAÇÃO SOBRE O ENTENDIMENTO HUMANO* (1748)**

Enquanto o ceticismo nos encoraja a duvidar da veracidade do que é apresentado como conhecimento, o empirismo exige que reconheçamos apenas o conhecimento derivado da experiência, especialmente a experiência sensorial. Aprendemos, dizem os empiristas, coletando evidências com nossos sentidos (visão, audição, tato, paladar e olfato), analisando essas evidências e as sujeitando a um processo de racionalização (em outras palavras: extraindo regras gerais de experiências específicas). Se uma proposição não for comprovada por observação, então não deve ser considerada verdadeira. Podemos chamar o conhecimento que resulta da racionalização aplicada à experiência como *a posteriori*.

A noção de tábula rasa de Aristóteles (ver na página 23) reconhece inerentemente uma filosofia empírica, já que presume que o conhecimento se acumula como resultado de experiências sensoriais, que deixam suas impressões nas folhas inicialmente em branco de nossas mentes. Como escreveu Aristóteles em *Metafísica* (350 a.C.):

> Todos os homens têm, por natureza, desejo de conhecer: uma prova disso é o prazer das sensações, pois, fora até da sua utilidade, elas nos agradam por si mesmas, e mais que todas as outras, as visuais. Com efeito, não só para agir, mas até quando não nos propomos a operar coisa alguma, preferimos, por assim dizer, a vista aos demais. A razão é que ela é, de todos os sentidos, o que melhor nos faz conhecer as coisas e mais diferenças nos descobre.[4]

Trata-se de um conceito que, como já vimos, influenciou inúmeras escolas filosóficas, dos estoicos da Grécia antiga a Avicena na Ásia

4 Abril Cultural, 1973. (N.T.)

medieval e Francis Bacon da Inglaterra dos séculos XVI e XVII. Mas foi no iluminismo que o empirismo se destacou, principalmente como resultado de seu desenvolvimento por um triunvirato de pensadores britânicos: John Locke, David Hume e George Berkeley.

O empirismo de Locke era o mais moderado dos três. Temendo que a busca por conhecimento da humanidade estivesse acorrentada pela nossa incapacidade de distinguir os limites de nosso entendimento, ele tentou elucidar o que é uma ideia e como chegamos a ela. Ideias, sugeriu ele, ou são "simples" ou são "complexas" (estas sendo um amálgama de múltiplas ideias simples). Ideias simples vêm da experiência sensorial do mundo externo, ele prossegue em sua tese, ou da reflexão (por exemplo, a mente virando para si mesma para pensar sobre seus próprios mecanismos). De qualquer modo, a observação, ele propõe, sustenta o conhecimento, em conjunção com uma mente capaz de raciocinar quanto a si mesma. Em seu *Ensaio sobre o Entendimento Humano* (1689), Locke escreveu:

> Todo o nosso conhecimento está nela [observação] fundado, e dela deriva fundamentalmente o próprio conhecimento. Empregada tanto nos objetos sensíveis externos como nas operações internas de nossas mentes, que são por nós mesmos percebidas e refletidas, nossa observação supre nossos entendimentos com todos os materiais do pensamento. Dessas duas fontes de conhecimento [observação e mente capaz de raciocinar quanto a si mesma] jorram todas as nossas ideias, ou as que possivelmente teremos.[5]

"O conhecimento de homem algum supera sua experiência", disse ele no mesmo ensaio:

> Aquele que seriamente decidir procurar a verdade deve primeiramente preparar o seu espírito com um grande amor por ela. Porque aquele que não ama a verdade não se afadigará demasiado

5 Ed. Nova Cultural, 1999. (N.T.)

para obtê-la, nem ficará muito preocupado quando a perder (...). Vale a pena inquirir como pode saber um homem se ama sinceramente a verdade, e penso que há um sinal infalível: o de não abraçar nenhuma proposição com maior segurança do que as que justificam as suas provas. Quem quer que exceda essa medida de assentimento é claro que não recebe a verdade por amor a ela, isto é, não ama a verdade pela própria verdade, mas por qualquer outro motivo.[6]

Enquanto Locke tolerava a incapacidade de racionalizar, David Hume afirmava que mesmo a capacidade de racionalização resultava da experiência. Além disso, ele rejeitava a presunção de leis básicas da natureza extrapoladas a partir de experiências passadas. Basicamente, experiência sensorial pode provar o que é e o que foi, mas não o que será. Tudo que podemos acreditar, portanto, é o que nossa experiência sensorial nos mostra. Em seu *Tratado da Natureza Humana* (1739-1740), ele disse:

> Não há nada em um objeto considerado em si mesmo que nos dê qualquer razão para tirar uma conclusão para além dele. E mesmo depois da observação de uma conjunção frequente ou constante de objetos, não temos qualquer razão para fazer qualquer inferência a respeito de qualquer objeto de que não tivemos experiência.

Ele então refutou que podemos presumir que o sol nascerá amanhã simplesmente porque observou-se tal fato em todos os dias anteriores. "O sol não nascer amanhã em nada deve como uma proposição inteligível", escreveu ele, "e não implica contradição alguma a mais do que a afirmação de que nascerá (...). Em vão, portanto, é fingir determinar qualquer evento, ou inferir qualquer causa ou efeito, sem o apoio de observação e experiência". Que podemos presumir que o sol nascerá, disse ele, reflete apenas nosso apreço pelo costume, "o grande guia da

6 Fundação Calouste Gulbenkian, 2014. (N.T.)

vida humana" que "dá utilidade à nossa experiência e nos faz esperar que no futuro haja uma sequência de eventos como os que pareceram acontecer no passado". Dois séculos depois, ninguém menos que Karl Popper observou: "Hume estava perfeitamente certo em apontar que indução não pode ser justificada por meio da lógica".

Cronologicamente entre John Locke e David Hume, George Berkeley (o bispo de Cloyne, na Irlanda) acelerou a construção de sua tese, temendo que a linha de pensamento empírica, como estava, seria uma ameaça direta aos ensinamentos da igreja. Sua postura idealista de que a realidade compreende apenas a mente e suas ideias (lembre-se do mantra "existir é ser percebido") o levou a formar um empirismo extremo que diz que conhecimento, por definição, pode ser conseguido apenas através da análise racional da percepção sensorial. Esse ciclo de percepção-interpretação-conhecimento é essencialmente uma conversa ininterrupta com Deus por meio de nossa experiência. Como escreveu em *Tratado sobre os Princípios do Conhecimento Humano* (1710):

> Entre os homens prevalece a opinião singular de que as casas, montanhas, rios, todos os objetos percebíveis, têm uma existência natural ou real, distinta da sua perceptibilidade pelo espírito. Mas por mais segura aquiescência que este princípio tenha tido no mundo, quem tiver coragem de discuti-lo compreenderá, se não me engano, que envolve manifesta contradição. Pois o que são os objetos mencionados senão coisas percebidas pelos sentidos? E o que percebemos nós além das nossas próprias ideias ou sensações? E não repugna admitir que alguma ou um conjunto delas possa existir impercebido?[7]

Enquanto Locke e Hume ofereceram variações bastante diferentes do mesmo tema, a abordagem religiosa de Berkeley para o empirismo o distanciou grandemente dos dois e, por certo, do movimento científico que o empirismo logo veio a sustentar. Hoje, empirismo e ciência

7 Abril Cultural, 1973. (N.T.)

são ideias muitas vezes vistas como análogas. Devemos, no entanto, ser cautelosos em considerar as duas virtualmente equivalentes. Como revelado em *Einstein and the Poet (Einstein e o Poeta*, 1983, sem tradução conhecida para o português), livro de William Hermanns baseado em entrevistas, Einstein em pessoa avisou quanto ao perigo de apegar-se apenas ao empirismo:

> Muitos acham que o progresso da raça humana é baseado em experiências de natureza crítica empírica, mas eu digo que o verdadeiro conhecimento se conquista apenas através de uma filosofia de dedução. Pois é a intuição que melhora o mundo, não apenas seguindo o calejado caminho do pensamento. A intuição nos faz olhar para fatos não relacionados e pensar neles até que possam ser organizados sob uma única lei. Buscar fatos relacionados significa abraçar o que se tem em vez de buscar por fatos novos. A intuição é o pai do conhecimento novo, enquanto o empirismo nada é além de acumulação de conhecimento antigo.

TUDO NA MENTE

"Todo o nosso conhecimento começa com os
sentidos, procede então para o entendimento e
acaba na razão. Nada é mais elevado que a razão."

IMMANUEL KANT, *CRÍTICA DA RAZÃO PURA* (1781)

Enquanto o empirismo dominou o pensamento filosófico na Grã-Bretanha iluminista, o racionalismo dominava a Europa continental. O racionalismo diz que a razão — o poder da mente em pensar logicamente e avaliar ideias — é a fundação onde se constrói o conhecimento, em oposição à observação, resposta emocional ou fatores sobrenaturais. O conhecimento que adquirimos apenas pelo uso da razão — no caso, antes ou independentemente da experiência — é chamado de *a priori*. A "batalha" entre empirismo e racionalismo é, em muitos aspectos, falsa — certamente, algumas das principais figuras iluministas teriam considerado estar em um dos lados por eliminação. Ainda assim, as distinções entre as duas escolas de pensamento são importantes e nos ajudam a entender o motivo de boa parte da filosofia ser dominada por uma abordagem que reconhece a inevitável natureza complementar das duas escolas.

Racionalistas não necessariamente concordam com onde estão as origens do racionalismo. Alguns dizem que nasce com o conhecimento inato ("eu não aprendi que Fido é um cachorro, eu sempre soube que Fido era um cachorro") e uma compreensão inata de conceitos ("eu sei que uma forma de três lados é um triângulo porque entendi instintivamente que um triângulo é uma forma de três lados"). Outros sugerem que o racionalismo resulta de intuição ("é intrinsecamente óbvio o fato de que não seria ético matar o bebê do meu vizinho") ou dedução ("eu não sei que 1 + 1 = 2 de maneira inata ou intuitiva, mas sou equipado para deduzir inatamente que sim"). Isso, naturalmente, leva a questões intrigantes no que concerne à ética e à metafísica. Por exemplo, enquanto um empirista poderia apontar para a ausência de uma evidência verificável quanto à existência de Deus, alguns racionalistas diriam que Deus é real e que nosso conhecimento de deidade pode ser provado por conhecimento inato ("nós sabemos que é verdade") ou dedução racional ("o cosmo é uma criação elegante, que só pode ter sido feita por uma figura divina").

Apesar de o racionalismo como tese formal ter surgido principalmente com o iluminismo, já existia em outras formas há muito tempo. A Teoria das Ideias de Platão tem seu eixo na crença racionalista — de que a ideias que abrem o caminho para o conhecimento se originam em nossa mente pré-programada e não de nossas experiências terrenas. Mas é Descartes que é considerado o verdadeiro garoto-propaganda do racionalismo. Em *Discurso sobre o Método*, como já vimos, ele expôs suas dúvidas quanto à confiabilidade do empirismo:

> Assim, visto que nossos sentidos nos enganam às vezes, eu quis supor que não havia coisa alguma que fosse tal como nos fazem imaginar. E como há homens que se equivocam ao raciocinar, mesmo sobre as mais simples matérias de geometria, e cometem paralogismos, e por julgar que eu estava sujeito a errar como qualquer outro, rejeitei como sendo falsas todas as razões que antes havia tomado como demonstrações. Enfim, considerando que os mesmos pensamentos que temos quando acordados também podem nos ocorrer quando dormimos, sem que então haja nenhum que seja verdadeiro, resolvi fingir que todas as coisas que alguma vez me haviam entrado no espírito não eram mais verdadeiras que as ilusões de meus sonhos. Mas logo notei que, quando quis assim pensar que tudo era falso, era preciso necessariamente que eu, que o pensava, fosse alguma coisa.[8]

Verdade e conhecimento, argumentava ele, se originam apenas na mente, e tudo que podemos ter certeza é aquilo que a mente pode racionalizar independentemente da experiência sensorial. "Penso, logo existo", a mais famosa codificação filosófica, é um produto de puro

8 L&PM Editores, 2004. (N.T.)

racionalismo — nas palavras do próprio Descartes, "compreendido unicamente pela faculdade de julgamento que se encontra na mente".

Chama a atenção que Descartes e outros racionalistas eram matemáticos, um campo no qual a importância da lógica racional é normalmente colocada acima da observação empírica. Mesmo assim, a imagem é muito mais borrada do que pode parecer de início. Por exemplo: devemos considerar a teoria gravitacional de Isaac Newton como um produto de puro e requintado racionalismo (Newton compreendendo a matemática como uma força invisível apenas com o poder de sua mente) ou nada disso teria sido possível sem alguma ajuda do empirismo? A maçã caindo na cabeça pode ser uma lenda, mas Newton em algum momento observou o fenômeno natural da gravidade.

Baruch Spinoza (1632-1677) expandiu o trabalho de Descartes para construir sua própria interpretação do racionalismo, em grande parte baseado em sua fé. Ele acreditava que Deus *é* a substância absoluta de tudo — ou seja: Deus e natureza são indivisíveis. Essa substância divina, afirmou ele, se manifesta como: a) pensamento, e b) tudo que é fisicamente presente no mundo. Humanos, então, se tornam extensões físicas da substância de Deus. E o único meio de adquirir conhecimento quanto a nós mesmos e o mundo é pelo mais puro sistema de racionalização, processando os pensamentos que compreendem a própria substância de Deus. A monadologia de Leibniz (ver na página 42) vem de um ângulo diferente, mas traz uma conclusão similar: de que ideias são inatas e que conhecimento é acessível em primeiro lugar por meio do pensamento racional. Enquanto isso, Kant e outros logo começaram o processo de integrar aspectos dos ensinamentos dos empiristas e racionalistas aos seus próprios trabalhos, e como reflete a citação do início deste capítulo, ele admitia a necessidade de ambos, mesmo considerando o racionalismo um modo mais elevado de pensamento. Nas palavras do matemático e filósofo britânico Alfred North Whitehead (1861-1947): "(...) o racionalismo é uma aventura no esclarecimento do pensamento".

ENCONTRO COM A MORTE

Descartes foi uma coisa rara, um filósofo que alcançou o estrelato enquanto ainda vivo. No entanto, a fama provavelmente acelerou sua morte. Em 1646, começou a trocar cartas com Cristina, rainha da Suécia. Ela pretendia formar uma corte de intelectuais, sendo ela mesma uma notável filósofa por mérito próprio. Em 1650, ela chamou Descartes a seu palácio em Estocolmo, onde ele daria aulas à rainha todas as manhãs durante o congelante inverno sueco. Com pouquíssima resistência ao clima, ele teve pneumonia e morreu quatro meses depois.

A APLICAÇÃO DA CIÊNCIA

"A ciência nasceu como resultado e consequência da filosofia, e não pode sobreviver sem uma base filosófica. Se perecer a filosofia, a ciência será a próxima."

AYN RAND, *FOR THE NEW INTELLECTUAL*
(*PARA O NOVO INTELECTUAL*, 1961,
SEM TRADUÇÃO CONHECIDA PARA O PORTUGUÊS)

Por mais que a ciência seja geralmente considerada como separada da filosofia, parece negligente omiti-la de uma discussão quanto ao nosso entendimento da natureza do conhecimento. A ciência está tão arraigada em nossa cultura que é praticamente impossível imaginar um momento em que os métodos modernos que agora damos como certos eram objeto de grandes debates filosóficos. Se a filosofia é a busca pela sabedoria, a ciência se tornou nosso método principal para alcançá-la. Como Galileu Galilei escreveu em 1632: "Todas as verdades são fáceis de entender depois de descobertas. O problema é descobri-las".

Por longos períodos da história humana, explicações de por que as coisas serem como são geralmente foram fornecidas recorrendo à influência sobrenatural e costumes sociais. Claro, indivíduos também se esforçavam para provar certas ideias via demonstrações práticas. Ainda assim, o que entendemos como método científico vem de uma safra muito mais recente — estabelecida com mais firmeza apenas a partir do século XVII. E seu surgimento tem raízes no desenvolvimento filosófico. Então, o que realmente se quer dizer com "método científico"?

- Primeiro vem uma hipótese, que deve ser desenvolvida a partir de um conhecimento previamente adquirido (e não ser conjurada a partir do nada);
- Depois vem o teste dessa hipótese por experiência, observação e medição sistemática;
- Para uma hipótese ser considerada "correta", tem que ser possível prová-la por experiências que possam ser reproduzidas. E ela pode ser considerada "certa" até que seja refutada (ver Karl Popper em seguida);

- Se uma hipótese não puder ser verificada repetindo-se a experiência, deve ser revisada (ponto no qual o processo de verificação recomeça) ou deixada de lado.

Naturalmente, a ciência moderna não emergiu do nada. Como já vimos, formas emergentes de empirismo forneceram muito da fundação dela, remontando à antiguidade. Mas foi só no século XIII que Roger Bacon expôs sua diretriz para um método protocientífico que abrangia observação, hipótese, teste e verificação. E foram necessárias pessoas como Copérnico e Galileu, nos séculos XV e XVI, para que as ideias de Bacon chegassem ao público em geral. E foi Francis Bacon (sendo o sobrenome aparentemente uma coincidência) a quem recaiu a tarefa de nos prover com o que é considerada a primeira descrição geral do método científico moderno em *Novo Órganon* (1620). O conhecimento, declarou ele, é acumulado inicialmente pela reunião de evidências empíricas e depois pela realização de um processo de racionalização baseado em tais evidências. Das especificidades verificadas, podemos então formular conclusões mais gerais. O verdadeiro cientista, sugeria ele, é uma espécie rara, uma "abelha": "Os empíricos, à maneira das formigas, acumulam e usam as provisões. Os racionalistas, à maneira das aranhas, de si mesmos extraem o que lhes serve para a teia. A abelha representa a posição intermediária: recolhe a matéria-prima das flores do jardim e do campo e, com seus próprios recursos, a transforma e digere".

Bacon era católico, mas contribuiu muito para forçar a separação entre investigação científica e religião. O cientista, disse ele, deve realizar seu trabalho sem preconceito, evitando a complacência e abraçando o ceticismo. Ele também identificou barreiras psicológicas específicas que poderiam obstruir a busca por uma verdade objetiva. Aquilo que ele chamava de "ídolos" incluía:

- Crenças inerentemente enganosas, amplamente celebradas pela raça humana ("ídolos da tribo");

- Crenças emergentes do costume, condicionamento ou experiência acidental ("ídolos da caverna");
- Falsas ideias causadas por uma incapacidade linguística de expressar a verdade de maneira objetiva ("ídolos do mercado", [pois compramos essas ideias]);
- Equívocos causados por sofisma e "falso aprendizado" ("ídolos do teatro" [pois compõem o "teatro humano" do qual fazemos parte]).

Um conceito-chave no método científico é a causalidade — a ideia de que uma ação específica tem um efeito particular. Por exemplo, sabemos que a água não ferve sozinha, mas sim quando é aquecida a uma certa temperatura. Causalidade é essencial para o raciocínio indutivo. Ainda assim, mesmo um princípio tão amplamente aceito como a causalidade carrega suas implicações filosóficas. Onde se coloca a causalidade, por exemplo, na ideia de Deus e das "primeiras causas" (um problema que pode ser visto em um microcosmo utilizando a famosa pergunta de quem veio primeiro, o ovo ou a galinha?). Se, por exemplo, aceitarmos que o universo começou com o *big bang*, o que havia antes? E em um mundo em que há a mecânica quântica, no qual a causalidade deu lugar a um discurso dominado pela aleatoriedade e a probabilidade, do que podemos realmente ter certeza?

A mecânica quântica também destaca a por vezes falsa dicotomia entre empirismo e racionalismo. O "experimento mental" tem uma história longa e gloriosa na ciência, de Newton a Einstein e muitos depois desses. Mas a física quântica exige um nível de racionalismo, além da observação e experimentação, que coloca em questão suposições que há muito temos como definidoras da ciência. Observemos o caso do gato, elucidado por Erwin Schrödinger em 1935, por exemplo. Seu exercício mental sugere que, de acordo com as leis quânticas, um gato dentro de uma caixa pode estar vivo e morto ao mesmo tempo. O que Schrödinger pretendia é que seu gato demonstrasse o que considerava o absurdo de certas posições quânticas, mas, paradoxalmente, acaba servindo como uma hipótese científica legítima, vinda de um raciocínio mental, e não de evidências empíricas. O experimento acabou originando uma miríade de interpretações ao longo das décadas, de pessoas buscando reconciliar os mistérios do suposto mundo quântico com nossa experiência coletiva de "realidade". Na nossa época de aventuras quânticas e exploração cósmica, a afirmação de Rand no início deste capítulo, quanto à interconectividade de ciência e filosofia, nunca pareceu tão apropriada.

Tal relacionamento tinha sido formalizado anteriormente no século XIX, na doutrina do positivismo, inicialmente desenvolvida pelo filósofo francês Auguste Comte. O positivismo argumentava que o conhecimento científico é o único conhecimento verdadeiro (em oposição, por exemplo, a teses religiosas ou metafísicas, que oferecem resistência à verificação científica). De fato, Comte considerava que a ciência já teria superado a metafísica como o modo de pensamento humano. O positivismo, por sua vez, abriu o caminho para o positivismo lógico, um movimento dos primeiros anos do século XX no qual Ernst Mach e Ludwig Wittgenstein foram destaques desde o início. O positivismo lógico postula que uma afirmação só pode ser considerada significativa se puder ser provada pelo racionalismo formal (no caso, matemática e lógica) ou pelo empirismo.

O austríaco Karl Popper (1902-1994) também questionou certos princípios filosóficos da ciência antes aceitos. Ele aproveitou o "problema da indução" de David Hume (em que a ciência tira conclusões quanto a ocorrências futuras que não podem, por definição, serem pré-provadas empiricamente), que o precedeu em 150 anos, para esclarecer sua teoria de falseabilidade. Contrário à muito aceita noção explanada por Francis Bacon, ele argumentou que, para considerar como provada uma teoria científica, não são suficientes apenas experiência e indução, mas ela deve também ter capacidade para a falseabilidade — o potencial de ser refutada a partir da observação. Então, se um cientista examina um milhão de cisnes e descobre que são todos brancos, ele pode concluir de maneira racional que todos os cisnes são brancos. No então, como é impossível examinar todos os cisnes do passado, presente e futuro, é impossível concluir que essa tese seja imune à falseabilidade. A existência de ao menos um cisne negro derrubaria a tese de que "todos os cisnes são brancos". Portanto, a conclusão do nosso cientista é cientificamente legítima, já que a evidência empírica apoia sua tese, mas a tese também preserva a capacidade para a falseabilidade. Assim, ela pode ser aceita como verdade até o momento em que seja provada falsa (no caso, pelo aparecimento de um cisne negro, ou rosa, ou verde).

A filosofia não é um bicho de sete cabeças: sete são muito *poucas* para ela.

ENCONTRE UMA SOLUÇÃO LÓGICA

"A lógica cuida de si mesma — tudo que
temos que fazer é estudar e ver como ela o faz."

LUDWIG WITTGENSTEIN (1914)

A lógica é um componente crucial do método científico e também algo básico na filosofia há milênios. Mas o que ela é de verdade? Em termos filosóficos, pode ser abordada como um método de avaliar um raciocínio. A lógica se propõe nada menos do que distinguir o "bom" raciocínio do "mau" raciocínio. Ela nos ajuda a reconhecer a diferença, por exemplo, entre dizer:

- "Todas as caixas de correio são amarelas, logo, todas as coisas amarelas são caixas de correio"

e

- "Todos os vertebrados que podem viver na terra e na água são anfíbios. Um sapo é um vertebrado que pode viver na terra e na água, logo, um sapo é um anfíbio".

Como Francis Bacon escreveu em *O Progresso do Conhecimento* (1605): "Pois a finalidade da lógica é ensinar uma forma de argumentação que assegure a razão, não que a faça cair numa armadilha".

Aristóteles é considerado o ancestral da lógica, a qual ele definia como uma "nova e necessária razão" ("nova" por revelar o que não se sabia anteriormente e "necessária" porque produz afirmações de fatos inexoráveis). A partir das fundações construídas por seu mestre, Platão, ele valorizou a lógica como o método supremo de teste de exatidão de um argumento. Entre as ideias que ele adotava estava a de que qualquer afirmação é ou verdadeira ou falsa, e nada pode ser verdadeiro e falso.

Emergindo de seu trabalho com classificação, Aristóteles concebeu o que quase certamente foi o primeiro sistema formal de lógica, baseado no silogismo — um modo de raciocínio dedutivo em que uma conclusão é alcançada a partir de duas ou mais premissas. Em *Analíticos Anteriores* (do *Órganon* original, c. 350 a.C.), ele explica como um "discurso no qual certas coisas foram supostas, algo diferente das coisas supostas emerge, pois assim essas coisas são". Por exemplo, temos uma premissa maior ("todos os animais de sangue quente sem asas são mamíferos") e uma menor ("humanos não têm asas e têm sangue quente"), levando a uma conclusão inevitável ("todos os humanos são mamíferos").

Ainda que Avicena tenha estabelecido um modelo detalhado de lógica na Idade Média, que teve um alcance significativo no mundo islâmico e na tradição filosófica oriental, Aristóteles se manteve como o único mestre no ocidente até o século XIX. Todos os desenvolvimentos na lógica foram essencialmente variações de seu tema inicial. Quando Arthur Conan Doyle colocou Sherlock Holmes, nos anos 1880, para observar que "de uma gota de água um seguidor da lógica poderia inferir a possibilidade de um Atlântico ou de um Niágara sem jamais ter visto ou ouvido nem um nem outro", era à lógica aristotélica que ele se referia.

Mas, por volta dessa época, brotaram as sementes de novos sistemas que vieram a ser vitais não apenas para os modos contemporâneos de pensar, mas para a ciência e a tecnologia também. Em *Lectures on Knowledge* (1800)[9], Kant reconhece a importância de Aristóteles no campo da lógica ainda que destaque as limitações de sua contribuição:

> [Aristóteles] pode ser considerado o pai da lógica. Ele a expôs [no conjunto de escritos conhecido como Órganon] e a dividiu em analítica e dialética. Sua maneira de ensinar é muito escolástica e se aplica ao desenvolvimento dos conceitos mais gerais em que a lógica se baseia, dos quais, porém, nenhum proveito se extrai, porque quase tudo redunda em meras sutilezas,

9 O livro aqui provavelmente é *Lectures on Logic*. *Lectures on Knowledge* parece ser um engano do autor. (N.T.)

> salvo o fato de que daí se tiraram as denominações de diversos atos do entendimento.[10]

Proeminente na onda dos novos lógicos radicais foi o britânico George Boole (1815-1864), que se tornou um campeão da nova "lógica simbólica" e da "lógica matemática" associada a ela. Essas inovações tomaram o sistema de lógica formal ancorado no trabalho de Aristóteles e o sobrepuseram a um sistema de símbolos e notações possíveis de manipulação de acordo com regras precisas. Como observou Boole:

> Nenhum método geral para a solução de questões na teoria de probabilidades pode ser estabelecido sem que se reconheça explicitamente não apenas as bases numéricas especiais da ciência, mas também as leis universais de pensamento, que são a base de toda a razão, e o que quer que sejam em sua essência pelo menos são matemáticas em suas formas.

No século XX, o alemão Gottlob Frege e os britânicos Alfred North Whitehead e Bertrand Russell elaboraram trabalhos vitais que colocaram as disciplinas da Matemática e da Lógica em um significativo alinhamento — com *Principia Mathematica* (*Princípios Matemáticos*, sem tradução conhecida para o português), por Whitehead e Russell, publicado em etapas entre os anos 1910 e 1920, servindo como marco no desenvolvimento desse campo. O impacto dessas realizações é difícil de subestimar e é justo dizer que a "era da informação" em que vivemos tem nelas suas bases.

A lógica, então, tem sido um aspecto vital na epistemologia desde o tempo de Aristóteles e nunca tanto quanto hoje. Ela oferece ao filósofo um robusto método de teste de hipóteses, ainda que imperfeito. Provar as bases lógicas de um argumento pode ser problemático. Há sempre uma abundância de falácias (falhas no raciocínio lógico) para se escolher, de erros de cálculo baseados no uso incorreto ou em

10 A citação é adaptada do título *Lógica*, da Editora Tempo Brasileiro, 1992 (N.T.)

interpretações equivocadas de linguagem até aqueles resultantes de *non sequitur* (sem registro ou sem sentido) ou de uma fé injustificada em alguma autoridade externa. E então fica o dilema dos paradoxos: declarações autocontraditórias ou aparentemente contrárias ao senso comum, mas que ainda podem possuir alguma verdade. Já trombamos com o famoso (parafraseado) paradoxo de Sócrates: "Tudo que sei é que nada sei". Como alguém pode saber algo se esse "algo" é o fato de que esse alguém não sabe nada? A frase já viola a lei aristotélica de "(não)contradição". No entanto, ainda que pareça ilógica, a afirmação sugere uma verdade maior — não é um absurdo, tampouco desprovida de significado, e sem dúvida é digna de interesse intelectual. De modo similar, o paradoxo de Philip Jourdain — no qual se escreve em um cartão duas frases (frase A: "A frase B é verdadeira", e frase B: "A frase A é falsa") — nos força a questionar nossos pressupostos no que diz respeito à lógica, já que, se frase A é verdadeira, deve também ser paradoxalmente falsa.

Mas também há exceções à regra. Podemos pelo menos dizer que, em geral, uma ideia pode ser colocada de lado com alguma confiança se for demonstrada ilógica de modo conclusivo. Como Ludwig Wittgenstein postulou no início do século XX: "A lógica do mundo precede toda verdade e falsidade".

RESULTADOS CONTAM

"O pragmatismo (...) coloca a pergunta corriqueira:
Supondo-se que uma ideia ou crença seja verdadeira,
que diferença concreta, em sendo verdadeira, fará
na vida real de alguém? Como será compreendida a
verdade? Que experiências serão diferentes daquelas que
prevaleceriam se a crença fosse falsa? Qual, em suma, é o
valor em caixa da verdade em termos experimentais?"

WILLIAM JAMES, *PRAGMATISMO* (1906-1907)

Boa parte da epistemologia se ocupa de estabelecer como podemos saber que o que consideramos conhecimento ou verdade é correto de maneira inata. Muito da filosofia vem tentando demonstrar se algum item de um suposto conhecimento ou crença é correto em si mesmo. O pragmatismo, no entanto, faz uma abordagem diferente, uma que diz que a verdade de uma ideia ou crença pode apenas ser estabelecida pela evidência de suas consequências práticas. A verdade, portanto, torna-se não uma certeza fixa, mas um reflexo do efeito de uma ideia.

O pragmatismo evoluiu principalmente pelas mãos de dois ex-alunos da Universidade de Harvard, Charles Sanders Peirce (1839-1914) e William James (1842-1910), em parte como um antídoto para os intermináveis debates entre empíricos (a quem James caracterizava como "endurecidos") e racionalistas ("enternecidos"). Em vez de ponderar quanto à verdade inerente de uma ideia, pensaram Peirce e James, é melhor considerar se insistir com a teoria traz algo de bom na prática. Por exemplo: a questão de a Terra ser plana ou esférica. Por milênios houve o consenso popular de que era plana e, de certo modo, isso servia a um propósito útil. Era um jeito simples de definir o mundo que, entre outras coisas, ajudava governos e governantes a visualizar seus territórios. Quando um general romano estudava o mapa de algum reino que deveria governar, ele olhava um diagrama plano e não precisava se preocupar em pensar nele como um trecho de um globo. Nosso general podia acreditar que o mundo era plano e sua crença levava a vantagens práticas, garantindo a ela a validade no sistema pragmático de pensamento. Para Isaac Newton, no entanto, suas descobertas científicas (como as teorias sobre gravidade) dependiam do entendimento de que a Terra é, na verdade, uma esfera. A teoria da Terra plana trazia uma desvantagem para ele, então foi descartada. Já a tese da Terra redonda trazia vantagens, então foi adotada. Para o pragmático, se os efeitos práticos de uma ideia não forem fixos, a verdade também não será.

Peirce foi o primeiro a usar o termo *pragmatismo*, em 1905, mas ele vinha definindo seus maiores preceitos desde os anos 1870. Em termos gerais, ele estava mais interessado na natureza do conhecimento, enquanto James se preocupava com a natureza da verdade. Peirce cunhou a famosa máxima do pragmatismo, que assim foi exposta em uma versão de 1878:

> Considere quais efeitos, que concebivelmente poderiam ter consequências práticas, concebemos ter o objeto de nossa concepção. Então, a concepção destes efeitos é o todo de nossa concepção do objeto.

Ainda que possamos dizer que o propósito não é consertar a verdade, mas nos ajudar a discernir o melhor plano de ação a seguir.

Isso representou uma nova e radical abordagem que ia contra a maioria das tradições filosóficas. Em *Metafísica* (350 a.C.), Aristóteles tinha adotado uma posição virtualmente contrária ao pragmatismo, afirmando que a verdade era desejável por si mesma, não por conta de suas consequências ou utilidade. Ele afirmou:

> Que [filosofia] não é uma [ciência] prática resulta [da própria história] dos que primeiro filosofaram. Foi, com efeito, pela admiração que os homens, assim hoje como no começo, foram levados a filosofar (...). Claro está que procuraram a ciência pelo desejo de conhecer, e não em vista de qualquer utilidade. E isso é confirmado pelos fatos: quando já existia quase tudo que é indispensável ao bem-estar e à comodidade, então é que se começou a procurar uma disciplina deste gênero.[11]

11 Abril Cultural, 1973. (N.T.)

Peirce considerava inúteis muitos dos modos tradicionais pelos quais os filósofos tentam atribuir conhecimento. Por exemplo: um diamante. Muitos "sabem" que diamantes são duros. Um filósofo, no entanto, pode teoricamente declarar que um diamante é, por natureza, macio, até o momento que é tocado, em que endurece. Pode ser empiricamente difícil refutar essa tese. De fato, talvez o filósofo esteja correto em sua afirmação. Mas, para Peirce, na verdade, isso não importa. Por que perder tempo ponderando quanto ao imponderável, teria dito ele, quando, seja qual for a verdade, o diamante é irrefutavelmente duro (e portanto, útil para joalheria ou como ponta de broca) quando em mãos humanas. O que importa é que um diamante é duro e útil quando manipulado por humanos, não se, por natureza, é duro ou macio, seja quando for. Logo, pensar que diamantes são inerentemente duros é o modo mais útil de defini-los.

James assumiu o manto do pragmatismo para observar a natureza da verdade em sua obra-prima, *Pragmatismo* (1906-1907). Ele não se preocupava com questões relativamente simples de conhecimento, como a substância de um diamante. Ele queria chegar ao cerne de questões como verdade e propósito. Ele dizia que o âmbito em que uma ideia é verdadeira depende do que precisamos ou não que ela faça. Assim, a verdade se torna um julgamento retroativo em vez de uma característica inerente. Além disso, a crença se torna um fator crucial na criação da verdade. Já que, se não acreditamos em uma ideia, não a colocaremos em prática e, logo, ela não pode ser demonstrada como sendo útil. "A verdade *acontece* para uma ideia", diz ele. "Ela se torna verdade, é tornada verdadeira pelos eventos. Sua veracidade é, de fato, um evento, um processo: o processo de verificar a si mesma, sua verificação. Sua validade é o processo de sua validação." Como resultado de nossas ações determinarem diretamente a verdade, James dizia, devemos sempre "agir como se o que fazemos fizesse alguma diferença".

Ele usou uma parábola a respeito de um homem faminto perdido na floresta para ilustrar seu argumento. O homem finalmente chega a um caminho que o levaria para fora da floresta em segurança, mas, para ser salvo, ele precisa acreditar que o caminho leva à salvação e, consequentemente, seguir por ele. Em seu desespero, caso ele perdesse a fé de que o caminho o levaria à salvação, ele decidiria não tomá-lo e morreria na floresta. A verdade de que o caminho oferece uma saída é, portanto, totalmente dependente da crença de que assim seja. Como o filósofo escocês Alexander Bain observou anteriormente, crença é "aquilo quanto ao qual um homem está preparado para agir".

James exigia que uma ideia satisfizesse diversos critérios adicionais para ser considerada verdadeira. Deveria, por exemplo, ser resistente à critica e refletir o peso das provas. Na época em que escrevia, ele não teria aceitado a noção de uma Terra plana simplesmente devido ao fato de que algumas pessoas continuavam a evocá-la e tiravam algum tipo de benefício prático da ideia, quando as leis estabelecidas da ciência mostravam não ser o caso. Uma ideia verdadeira deveria também aumentar nosso entendimento das coisas e nos ajudar a prever eventos futuros. No entanto, sua insistência de que a confirmação retroativa da validade de uma ideia acompanha a adoção da mesma baseada na crença imbui humanos do poder de "criar verdade" — uma responsabilidade ao mesmo tempo gloriosa e temerosa.

Peirce e James colaboraram com um novo método de considerar como julgamos conhecimento e verdade, destoando das abordagens filosóficas dominantes que o precederam. Como escreveu James em *Pragmatismo,* é uma "atitude de orientação (...). A atitude de olhar além das primeiras coisas, dos princípios, das 'categorias', das supostas necessidades e de procurar pelas últimas coisas, ou seja, seus frutos, suas consequências, os fatos".

O COPO MEIO CHEIO E MEIO VAZIO

"(...) portanto é necessário pensar na criação do
melhor de todos os mundos possíveis (...)."

GOTTFRIED WILHELM LEIBNIZ,
***ENSAIOS DE TEODICEIA SOBRE A BONDADE DE DEUS, A LIBERDADE DO HOMEM E A ORIGEM DO MAL* (1710)**

Outra característica que pode colidir com sua percepção de mundo é se você é mais predominantemente um otimista ou um pessimista. No discurso do dia a dia, tendemos a favorecer o otimista que enxerga o lado bom da vida em vez da pessoa mais macambúzia. No entanto, na filosofia, a questão não é assim tão clara. Em termos filosóficos, um excesso de otimismo pode cegar a pessoa para a realidade, enquanto o pessimismo pode — sob certas circunstâncias — ser positivamente libertador.

Comecemos com algumas definições. Um pessimista é alguém que aceita que o mundo é fundamentalmente imperfeito. Um pessimista, portanto, é mais propenso a rejeitar muitos ensinamentos religiosos que dizem, por exemplo, que há um deus benevolente que nos fornece um caminho para a paz e salvação eternas. O pessimista também não dá muita atenção a ideias como a inevitabilidade do progresso humano.

No século XVIII, Thomas Malthus publicou um tratado sobre o crescimento da população humana que pode ser considerado uma obra-prima do pessimismo. Ele acreditava que, à medida que a sociedade "progride" (tecnicamente, organizacionalmente, etc.), ela é capaz de produzir mais recursos (particularmente comida), que são capazes de sustentar um padrão de vida melhor para mais pessoas. No entanto, enquanto a população aumenta, dadas as melhoras nas condições (taxas de mortalidade mais baixas, expectativa de vida maior, taxas de natalidade mais altas, etc.), coloca-se mais tensão na habilidade de comportar uma população maior. Isso então leva a uma queda, por exemplo, no abastecimento de alimento *per capita*, que leva a taxas de mortalidade mais altas, menor expectativa de vida, taxas de natalidade mais baixas e assim por diante. A população então começa a diminuir, de volta ao ponto em que é capaz de sustentar a si mesma, patamar no qual a ascensão começa novamente, até que a população seja outra vez grande demais para os recursos que é capaz de produzir. Esse ciclo, em que o progresso é sempre limitado e seguido por um declínio, é conhecido como armadilha malthusiana. Ainda que seja um tratado amplamente debatido — a Revolução Industrial e melhores técnicas agrícolas rapidamente mostraram que o crescimento populacional a um ponto impensável para Malthus era, na verdade, sustentável a longo prazo —, ele mostra uma clássica visão pessimista das coisas.

Por outro lado, um otimista vê o mundo como sendo o melhor que pode ser ou que, pelo menos, esteja seguindo nessa direção. Otimistas tendem a acreditar que a vida tem significado e propósito inerentes e que, portanto, faz sentido achar que a existência pode ser algo gratificante. De fato, podemos argumentar que todos os filósofos — até os rotulados como pessimistas — são otimistas até certo ponto, já que, pelo próprio processo de filosofar, estão buscando entender como aumentar o conhecimento e a sabedoria para tornar o mundo um lugar melhor.

A República de Platão é um dos primeiros exemplos de uma filosofia explicitamente otimista, explanando um sistema de governo que seu autor acreditava trazer as maiores vantagens para o maior número de pessoas possível. Mas Gottfried Wilhelm Leibniz é quem acabou sendo visto como o maior dos filósofos otimistas. Em grande parte, isso se resume a uma única afirmação feita em *Ensaios de Teodiceia* (1710), citada no início deste capítulo. Mesmo reconhecendo que o mundo não é perfeito (em grande parte como resultado do dom divino do livre-arbítrio), ele ainda acreditava que era "o melhor de todos os mundos possíveis". Com todas as suas imperfeições emanando do livre--arbítrio, afirmava Leibniz, Deus não teria como fazê-lo melhor: um mundo aparentemente mais "perfeito", desprovido do livre-arbítrio, seria implicitamente pior. Segundo Leibniz, era o melhor que algo poderia ser e o melhor que poderíamos esperar.

Leibniz foi quase instantaneamente obrigado a justificar seu otimismo por ninguém menos que Voltaire (1694-1778), que o desafiou na maior obra satírica de sua época, *Cândido*, ou *O Otimismo* (1759). "Otimismo", diz um dos personagens do livro, "o que é isso?"

O otimista Cândido responde que "é a persistência de insistir que tudo está melhor quando está pior". Em um instante, Voltaire conseguiu garantir que se tornaria o primeiro grande filósofo a ser tachado de pessimista. Outros logo se juntariam a ele. Seu compatriota francês Jean-Jacques Rousseau (1712-1778), por exemplo, considerava que o estabelecimento da "sociedade civil" trouxe "crimes, guerras e assassinatos (...) horrores e infortúnios" para a humanidade e que o homem estaria melhor em seu "estado natural" mais primitivo (ainda que seja possível argumentar que Rousseau era um otimista, dada sua crença na capacidade da natureza humana de se redimir.)

Arthur Schopenhauer (1788-1860) pode ser caracterizado como o contraponto pessimista de Leibniz. Em seu livro *O Mundo como Vontade e Representação* (que apareceu em sua primeira versão em 1819), ele descreve o homem como uma figura una com o cosmo, mas sujeita a uma vontade universal sem rumo ou razão. Podemos esperar que o que fazemos tenha importância, disse ele, mas, na verdade, há uma força sem direção que nos coloca em nosso caminho. Mesmo que sigamos nossos objetivos, acabamos com apenas dois frustrantes resultados: fracasso ou uma forma de sucesso que traz apenas a desmotivação em continuar. "A vida", ele concluiu com pesar, "é um negócio que não cobre seus custos". Porém, Schopenhauer rejeitava o rótulo de pessimista. Aceitar o mundo como ele é e nosso lugar nele nos permite viver livres da angústia, dizia ele — um ponto de vista que tem muito em comum com, digamos, o conceito budista de não existência (no budismo, o conceito chamado de *anatta* não é bem a negação da existência do indivíduo, mas a rejeição de que há um "eu" fixo e permanente representado pela "alma". Em vez disso, Buda ensinou que somos uma força vital em eterna mudança e reconhecer isso nos liberta da angústia de satisfazer nossas necessidades egocêntricas e nos leva para mais perto do objetivo final da iluminação). De qualquer forma, o trabalho de Schopenhauer acabou tendo uma grande influência sobre Friedrich Nietzsche (ver na página 58) e as maiores figuras dos movimentos do existencialismo e do absurdismo (veja no próximo capítulo).

MAS QUE LADO BOM?

Temendo talvez que sua mensagem não tivesse sido bem transmitida em *O Mundo como Vontade e Representação*, Schopenhauer produziu outro tratado em 1851, com o encantador título de *Sobre o Sofrimento do Mundo*. Este contém uma das mais desanimadoras contemplações do mundo e nossa espécie de toda a filosofia: "Há duas coisas que tornam impossível acreditar que este mundo é o trabalho bem-sucedido de um ser onisciente, totalmente bom e, ao mesmo tempo, todo-poderoso. Em primeiro lugar, a miséria que abunda nele em todos os lugares e, em segundo lugar, a imperfeição óbvia de seu produto mais elevado, o homem, que é uma paródia do que deveria ser". Acho que podemos afirmar com toda a certeza que Schopenhauer nunca teve como ambição ser animador de festas infantis!

FAÇA VOCÊ MESMO

"(...) o homem está condenado a ser livre.
Condenado porque (...), uma vez lançado ao
mundo, é responsável por tudo quanto fizer."

JEAN-PAUL SARTRE,
***O EXISTENCIALISMO É UM HUMANISMO* (1946)**

Tanto o absurdismo quanto o existencialismo são movimentos nascidos no século XX, uma era em que guerras mundiais, armas nucleares e fés religiosas em declínio se reduziram a certezas antigas. Têm raízes também no canteiro de pessimismo que postulava que desperdiçamos tempo ao tentar dar significado à vida observando o mundo ao nosso redor.

Ainda que absurdismo e existencialismo coincidam em diversos pontos, são escolas distintas. O absurdismo — que em grande parte devemos a Albert Camus (1913-1960) — diz que o mundo é irracional e desprovido de significado, e que aceitar esses fatos é libertador. Ele afirmava que buscar lógica e significado é, em si, algo sem sentido e que aumenta nossos sofrimentos. O existencialismo, por outro lado, admite uma falta de significado similar, mas coloca mais ênfase em nós, como indivíduos que podem criar seus próprios significados.

O existencialismo chegou à maturidade sob a orientação de Simone de Beauvoir (1908-1986) e seu parceiro de longa data, Jean-Paul Sartre (1905-1980). Porém, um século antes, o dinamarquês Søren Kierkegaard (1813-1855) estabeleceu certos princípios básicos que Beauvoir e Sartre viriam a desenvolver. Kierkegaard era atraído pela ideia de que indivíduos têm a liberdade de escolher seus próprios destinos, uma responsabilidade que exerce grande peso sobre nós. Mas, se pudermos conquistar nossa ansiedade, disse ele em *O Conceito de Angústia* (1844), então ela se torna a "possibilidade de liberdade". Para Kierkegaard, o desafio é fazer o próprio caminho. Como destacou em seu diário em 1835: "(...) o crucial é encontrar uma verdade que seja verdadeira para mim, encontrar a ideia pela qual estou disposto a viver e morrer".

Ao traçar uma linha entre Kierkegaard e Sartre e Beauvoir, é difícil ignorar Friedrich Nietzsche (1844-1900), cujo "super-homem" (*Übermensch*) em certos aspectos faz um presságio da rejeição existencialista de uma orientação divina, substituindo-a pela figura do indivíduo que define a si mesmo. Mas o texto considerado o verdadeiro fundador do existencialismo é *O Ser e o Nada* (1943), de Sartre. Entre seus conceitos-chave estão o *pour-soi* (para-si, denotando a consciência do ego reflexivo) e o *en-soi* (em-si, denotando o mundo não humano que tem sua própria essência, mas não consciência nem autoconhecimento). Sartre disse que o que podemos ver deste mundo é tudo o que existe — não há, por exemplo, alguma essência invisível, porém unificadora. Ele então categorizou o que existe como sendo *en-soi* (o que é completo em si mesmo, mas incapaz de mudar, como um seixo na areia) ou o autoconsciente, porém incompleto, *pour-soi* (humanos). Diferentemente do seixo, somos incompletos, mas temos a capacidade de criar nosso próprio significado. Ao empreender a dolorosa tarefa de confrontar nosso vazio existencial, tornamos-nos livres para criar a nós mesmos: "(...) valores são o significado que escolhemos dar à nossa vida", escreveu em *O Existencialismo é um Humanismo* (1946). Ou, como observou em *Existentialism and Human Emotions* (*Existencialismo e Emoções Humanas,* 1957, sem tradução conhecida para o português): "Se o homem, como o existencialista o enxerga, é indefinível, é porque de início ele é nada. Apenas depois será algo, e ele próprio terá feito aquilo que se tornará".

A transição do pessimismo de reconhecer a própria falta de significado para o perturbador otimismo de aceitar o desafio de criar seu próprio significado é essencial ao pensamento existencialista. Para Beauvoir, esse reconhecimento inicial de falta de significado representa um primeiro passo positivo. Em *Por Uma Moral de Ambiguidade* (1947), ela escreveu:

> Não é à toa que o homem nulifica o ser. Graças ao homem, o ser é revelado, e ele quer essa revelação. Há um tipo de conexão primeva com o ser que não é a relação de "querer ser", mas de

"querer revelar o ser". Ora, este não é um fracasso, mas, pelo contrário, um sucesso.

Isso, por sua vez, leva ao significado que ela já havia explicado em *Todos os Homens São Mortais* (1946): a habilidade de uma pessoa "agir de acordo com o que dita a consciência". Sartre documentou de forma similar a evolução de pessimismo a otimismo:

> Com o desespero, começa o verdadeiro otimismo: o otimismo do homem que nada espera, que sabe que não tem direitos e que nada a ele será dado, que se alegra em contar só consigo mesmo e em agir sozinho para o bem de todos.

E a transição é descrita por Sartre novamente em *O Existencialismo é um Humanismo* (1946):

> Estamos sós e sem desculpas. É o que traduzirei dizendo que o homem está condenado a ser livre. Condenado porque não se criou a si próprio e, no entanto, livre porque, uma vez lançado ao mundo, é responsável por tudo quanto fizer.[12]

Para Albert Camus, suas experiências na resistência francesa durante a Segunda Guerra Mundial afiou sua percepção de que a vida é algo em vão. Aceitar que a vida não tem significado não é um ponto de partida para criar seu próprio significado, mas sim um passo essencial em si mesmo, liberando-nos do trabalho desnecessário de buscar um significado que não existe. Seu ensaio *O Mito de Sísifo* (1943) detalha sua visão de mundo por meio de uma análise de Sísifo, figura do mito grego a quem os deuses puniram fazendo-o empurrar uma rocha montanha acima, apenas para vê-la rolar para baixo novamente e repetir o processo eternamente. Essa é a vida como um ciclo infinito, inescapável e inútil. A única possibilidade de felicidade para Sísifo? Aceitar a futilidade de

12 Abril Cultural, 1973. (N.T.)

sua tarefa e executá-la sem a esperança de sucesso. "O absurdo é o conceito essencial e a primeira verdade", disse Camus. Ele argumentava que todos nós encaramos uma escolha similar. Podemos ou não acreditar em algum tipo de divindade que dá significado a tudo ou aceitar a falta de sentido do mundo e concluir, pela lógica, que também não faz sentido seguir em frente, ou então acolher a falta de sentido (o absurdo) e viver a vida da maneira mais feliz possível. "Só existe um problema filosófico verdadeiramente sério...", proclamou ele, "o suicídio. Julgar se a vida vale a pena ou não ser vivida resume a resposta da questão fundamental da filosofia".

Outro grande trabalho do absurdismo de Camus foi o romance *O Estrangeiro* (1942). No centro da história está uma figura amoral chamada Mersault, que acaba sendo condenado por assassinato. Na prisão, aguardando a sentença de morte, ele alcança um nível de paz interior ao aceitar o que chama de "gentil indiferença do universo". Como Albert Camus viria a dizer em uma entrevista em 1970: "Aceitar o absurdo de tudo ao nosso redor é um passo, uma experiência necessária: não deveria se tornar um beco sem saída. Provoca uma revolta que pode dar bons frutos".

NA BEIRA DO PRECIPÍCIO

Em *O Conceito de Angústia* (1844), Kierkegaard construiu uma das imagens mais assombrosas de toda a filosofia. Afirmando que temos uma liberdade de escolha totalmente descontrolada, ele disse que a oportunidade de sermos mestres do nosso próprio destino nos causa uma grande ansiedade. Ele comparou o sentimento a alguém que olha para um grande abismo. Ao mesmo tempo, sentimos o medo de cair, mas também a compulsão de pular — primeiro vindo a angústia pela consequência de nosso ato, e segundo, vindo a ansiedade produzida pela liberdade do ato. A essa sensação, ele, de maneira memorável, deu o nome de "vertigem da liberdade".

PARTE III:

Ética

FAÇA A COISA CERTA

"Moralidade é o instinto de rebanho no indivíduo."

FRIEDRICH NIETZSCHE, *A GAIA CIÊNCIA* (1882)

Ética — às vezes conhecida como moral filosófica — é o ramo da filosofia que se ocupa com as noções de bom e mau, certo e errado. Ela nos incentiva a analisar nossos valores e a considerar como atribuímos valor às coisas. Códigos legais e documentos como a Declaração Universal dos Direitos Humanos são produtos de avaliação ética, assim como decisões mundanas diárias, como comer um sanduíche de bacon ou uma rosquinha de abacate, continuar torcendo ou não para seu time do coração depois de ele ser comprado por um déspota bilionário, ou se deve gastar seu dinheiro em um agrado para si mesmo ou em um presente para a sua mãe, ou ainda, doar a um sem-teto.

A ética ilumina o mundo. Ela tenta nos encorajar a fazer a coisa certa — e não a coisa errada. Mas também pode nos levar a um território sombrio, principalmente para áreas cinzentas nas quais o custo de fazer uma coisa boa é fazer com que outra coisa boa não aconteça. Mesmo essas questões que parecem diretas de início raramente se provam tão binárias quanto se espera. É eticamente errado matar alguém de modo deliberado, não é? É claro que sim. Bem, na maioria das vezes é errado, pois esse direito tem sido concedido a soldados ao longo da história. E alguns países dizem não haver problema em matar alguém como punição por este ter matado outra pessoa. E se alguém matasse um membro da minha família, eu acharia justo caçar essa pessoa. E se alguém entrasse na minha casa e apontasse uma faca para mim, eu não pensaria duas vezes quanto a reagir. E... bem, você já entendeu a ideia. Mas nunca seria correto matar de maneira deliberada um recém-nascido, certo? Ninguém conseguiria justificar algo assim. Mas e se você pudesse voltar no tempo e eliminar o infante Adolf Hitler, salvando assim a vida de milhões de pessoas? Não seria uma exceção à regra?

Esta seção não pretende tratar das muitas questões éticas específicas — simplesmente não há espaço para uma tarefa como essa e ainda fazer jus a ela. O objetivo aqui não é determinar se guerras poderiam um dia ser justificadas ou se comer carne é assassinato ou se educação privada é algo implicitamente injusto. Em vez disso, investigaremos alguns dos modos concorrentes de observar o mundo e veremos como podem impactar o processo de tomada ética de decisão. O que queremos dizer, por exemplo, quando falamos sobre "conduta correta" ou "viver uma boa vida"?

Quando consideramos a abrangente área da ética, é importante ter em mente algumas das divisões estruturais da disciplina:

- **Ética Normativa** (ou prescritiva), que observa o que consideramos certo ou errado e como julgamos esses critérios;
- **Ética Aplicada**, que observa como aplicamos o conhecimento ético a questões específicas (pena de morte, por exemplo);
- **Metaética**, que observa a natureza da ética, o que significa falar sobre certo e errado etc.

Medir o que há de "certo" ou "errado" em uma ação é necessariamente subjetivo. Para consequencialistas, a moralidade de um ato depende de suas consequências. Portanto, pode ser considerado ético ultrapassar o limite de velocidade se, como resultado, uma pessoa ferida chegar mais rapidamente ao hospital para receber o tratamento que salve sua vida. No entanto, a mesma ação (ultrapassar o limite de velocidade) pode com toda a razão ser considerada antiética se, como resultado, um pedestre acabar sendo atropelado. Já para utilitaristas, qualquer ação deve ser julgada somente pela quantidade de bem que ela traz em comparação com a quantidade de danos que causa (no caso do nosso motorista apressado, se ele levasse duas pessoas feridas para o hospital, mas no processo atropelasse um pedestre, um utilitarista poderia facilmente calcular que o ato foi eticamente válido).

Em contraste, a deontologia observa a ética não do ponto de vista do efeito, mas considerando o que há de inerentemente certo ou errado na ação em si. Ela prioriza fatores como nossas responsabilidades e o direito dos outros nas tomadas de decisão. Então, por exemplo, se alguém considera errado roubar porque assim está escrito em um texto religioso, então o roubo pode não ser necessariamente justificado, mesmo que o efeito seja bom (algo como roubar para alimentar seu bebê).

A ética da virtude adota uma abordagem diferente, observando menos a natureza ou as consequências de um curso de ação específico e focando mais na virtude do indivíduo envolvido, determinada ao longo de um período maior de tempo. Se uma pessoa boa e justa executa uma ação porque acha que é a coisa correta a se fazer, essa ação poderia ser julgada como ética mesmo que, pela sua natureza ou consequências, fosse, via de regra, considerada errada.

Tal visão é aliada à noção de "absolutismo moral", a crença de que certos padrões de comportamento ético e moral persistem apesar do contexto. Seu contraponto é o "relativismo moral", a ideia de que a moralidade não é algo fixo, mas sim construído de acordo com a cultura, variando temporal e geograficamente. Porém, como denota o filósofo moral australiano Peter Singer (nascido em 1946), é possível criar um caminho intermediário: "No nível descritivo, certamente se esperaria que diferentes culturas criassem diferentes tipos de ética e obviamente o fizeram, mas isso não significa que não há como pensar em princípios éticos mais abrangentes que se pode seguir em todo lugar". Enquanto isso, um egoísta (por exemplo, um seguidor do hedonismo — ver na página 144), que acredita que o objetivo principal da vida é maximizar a felicidade pessoal, julgará a ética de uma maneira muito diferente do altruísta, que, nas palavras de Auguste Comte, deve tentar "viver pelos outros" em vez de buscar algo por interesse próprio. E quanto ao niilista, que acredita que a vida é desprovida de sentido? Qual será o padrão pelo qual um niilista julgaria uma ação?

Deixemos o último pensamento aqui para Immanuel Kant: "Moralidade não é a doutrina de como podemos nos tornar felizes", escreveu ele, "mas de como podemos nos tornar dignos de felicidade".

A MARCA DA BONDADE

"Todos os atos que realizamos possuem alguma finalidade, e esta finalidade pode ser definida como 'o bem'."

ARISTÓTELES, *ÉTICA A NICÔMACO* (SÉCULO IV A.C.)

Por que estamos aqui? Qual é nosso propósito? Essas são, é claro, questões enormes com uma infinidade de possíveis respostas. Tudo bem, não precisa dar uma resposta definitiva neste momento! Mas essas perguntas atemporais são pontos de partida muito úteis quando se fala de ética.

A filosofia em geral tende a concordar que devíamos pelo menos tentar viver bem a vida. Mas o que é uma vida bem vivida? Ao longo das eras, a maioria dos filósofos tem partido do ponto de vista de que deveríamos tentar viver uma vida boa em vez de uma ruim. Um princípio amplamente aceito é o de que viver uma vida boa torna uma pessoa feliz, então essa virtude e felicidade são normalmente consideradas como qualidades alinhadas. Neste capítulo, consideraremos o que uma "vida boa" pareceria para alguns dos maiores pensadores que já viveram. Existe, como esperado, uma grande variedade de opiniões, algumas diferindo apenas em nuances, outras fundamentalmente opostas. Mas a noção de "vida boa" supera a tudo. Para muitos, viver uma "vida boa" (e, na filosofia, *bom* e *virtuoso* costumam ser termos intercambiáveis) envolve tomar decisões que não prejudiquem o outro.

Isso pode parecer uma afirmação de senso comum mas, se há pelo menos uma lição que a filosofia nos ensina é que não podemos tomar nada como certo. Entretanto, tirando alguns credos mais marginais, não há quase nada na filosofia convencional que nos incentive a fazer algo claramente ruim — o que não quer dizer que não se faça o mal de maneira não intencional, ou que um nível de "maldade" não seja aceito como custo de alcançar o "bem" maior de alguém. Mesmo niilistas, que rejeitam a teoria de que a vida tem algum significado ou propósito, carecem de uma base legítima para fazer mal ao outro. Ainda que niilistas possam considerar que atos ruins não tenham importância em um mundo sem sentido, não há tantos bons motivos assim para fazer algo de ruim quanto para fazer algo de bom. E para o existencialista, que compartilha do senso niilista de que a vida não tem um sentido intrínseco, a oportunidade de alguém criar seu próprio sentido pode ser um incentivo positivo para se agir de maneira benevolente. De forma parecida, a resposta de Nietzsche para a "morte de Deus" (Deus tendo servido tradicionalmente como barômetro moral para os devotos) não foi uma queda rumo a amoralidade, mas sim uma redefinição de moralidade para que ela sustente o surgimento do *Übermensch*, ou "super-homem", a figura cujo potencial é desimpedido, não tendo mais que arrastar valores criados para consolidar tradicionais estruturas sociais de poder, mas que ainda assim busca a realização.

Como a citação de Aristóteles no início deste capítulo sugere, a maioria de nós deseja viver de maneira ética, de acordo com o que consideramos ser valores "bons" ou "virtuosos". Então, com o que o "bom" se parece? Para Confúcio, em meados do primeiro milênio a.C., na China, o ideal mais elevado era podermos nos reconhecer como agentes da vontade divina, encarregados de conquistar uma ordem moral. Ele argumentava que todo indivíduo poderia contribuir no progresso do bem social maior se comportando com respeito e benevolência em seu dia a dia. Como recompensa, respeito e benevolência se refletiriam no indivíduo. No centro da filosofia de Confúcio está a noção de sinceridade — de fazer as coisas pelo motivo certo. Como está escrito em *A Doutrina do Meio* (*c.* 500 a.C.), um texto vital do confucionismo, provavelmente escrito por seu neto, chamado Zisi ou Kong Ji:

> A sinceridade é o caminho do paraíso. Alcançá-la é o caminho dos homens. É sincero aquele que sem esforço vê o que é justo e compreende sem excitar o pensamento. Este é o sábio que natural e facilmente personifica o bom caminho. Aquele que alcança a sinceridade é aquele que escolhe o que é bom e, ao que é bom, se prende firmemente.

Sócrates, geralmente citado como pai da ética ocidental, acreditava que o "bem" é uma verdade objetiva e considerava a autoconsciência como o bem mais elevado. Ele acreditava que humanos fazem naturalmente o que é certo sob a condição de saberem o que é o certo. Então, pecar ou fazer algo errado se torna um ato mais baseado na ignorância do que na maldade. Ao conseguir conhecimento e sabedoria, com o objetivo final da autoconsciência completa, tornamo-nos naturalmente bons. Como disse Diógenes Laércio (século III d.C.), citando Sócrates em *Vidas e Doutrinas dos Filósofos Ilustres*: "Só há um bem — o conhecimento — e um mal — a ignorância". Em obras como *Ética a Nicômano* e *Ética a Eudemo*, escritas por volta de 350 a.C., Aristóteles ajudou a elevar a ética do mundo teórico para o mundo prático. Não basta, afirmou ele, meramente estudar com o que se parece uma vida boa. É necessário também esforçar-se para vivê-la, todos os dias e ativamente. Para o indivíduo que vive uma vida de virtude há a promessa de *eudaemonia* — essencialmente, um estado de bem-estar aumentado, refletindo o contentamento e a realização de seu potencial. "Qual será o mais elevado bem suscetível de ser obtido pela ação humana?", pergunta Aristóteles em *Ética a Nicômano*. "Quanto ao nome desse bem, parece haver acordo entre a maioria dos homens. Tanto a maioria como os mais sofisticados dizem ser a felicidade, porque supõem que ser feliz é o mesmo que viver bem e passar bem." Entender o bem, argumentava ele, é praticá-lo constantemente. Então, para cumprir o critério de "bem" de Aristóteles, é preciso sempre fazer a coisa certa para a pessoa apropriada no momento correto e por todos os motivos certos. Ninguém disse que seria fácil!

Já nos encontramos com algumas das maiores escolas de pensamento com distintas perspectivas éticas. Os cínicos, por exemplo, focavam-se mais em viver em harmonia com a natureza do que em observar convenções sociais. A educação para com seus compatriotas então se tornava menos importante do que, digamos, tratar os animais com respeito — uma perspectiva controversa em sua época, mas que agora tem cada vez mais apelo a um número cada vez maior de pessoas. O ceticismo, por outro lado, prefere não apressar o julgamento daquilo que podemos considerar como bom ou ruim. A inerente falta de confiança na capacidade da humanidade em agir sem algum interesse próprio como motivação inicial leva os seguidores dessa linha a questionar a própria noção de vida ética — para indivíduos ou em sociedade — como uma ambição sustentável. E então vêm os pragmáticos, que rejeitam um conhecimento *a priori*, tornando a ética e a moralidade de uma ação algo a se considerar pela análise de seus efeitos práticos.

Alguns filósofos, entre eles Aristóteles e Kant, declararam que bem e mal são realidades objetivas. Outros, como Pedro Abelardo (1079-1142), sugeriram que o campo da ética é mais fluido que isso — nossa intenção, por exemplo, em vez do ato em si, pode decidir se uma ação em particular é moral ou não. Thomas Hobbes (1588-1679) chegou a dizer que não há bem ou mal permanentemente definidos, mas apenas ações que agradam a alguns e desagradam outros. Tomás de Aquino (1225-1274), por outro lado, dizia que a felicidade vem de praticar obras virtuosas por elas mesmas, não com a ambição de alcançar a satisfação pessoal. Existe, porém, uma ligação surpreendente em meio a toda essa discordância — que viver uma vida boa nos torna felizes. Como Kant escreveu em *Crítica da Razão Prática*: "Virtude e felicidade são o bem mais elevado".

MÉDIA DOURADA

Uma ideia popular entre os gregos era a de que a moderação reflete a bondade. Sócrates, por exemplo, é citado em *A República* como tendo dito que deveríamos escolher "o meio-termo e evitar os extremos de qualquer um dos lados". Mas a noção de média dourada (ou média áurea), como é conhecida, foi mais bem explicada por Aristóteles. Ele considerava que o comportamento ético quase sempre se localiza no meio-termo entre extremos de excesso e deficiência. Então, encontraremos coragem por volta do ponto central (a "média dourada") entre covardia e inconsequência, enquanto a modéstia está entre a falta de vergonha e o convencimento, e a generosidade está entre a extravagância e a mesquinhez.

O PADRÃO OURO

"Nunca imponha aos outros o que você
não escolheria para si mesmo."

CONFÚCIO, *OS ANALECTOS*
(ENTRE OS SÉCULOS VI E V A.C.)

A "regra de ouro" (ou ética da reciprocidade) é uma máxima que encoraja o comportamento ético e que foi adotada (de variadas formas) em uma surpreendente gama de doutrinas filosóficas e religiosas. Promovendo valores que incluem igualitarismo, justiça, empatia e reciprocidade, geralmente é apresentada em duas formas básicas. A primeira, como afirmação de ação positiva:

- Trate os outros como gostaria de ser tratado.

Ou a segunda, como proibição:

- Não trate os outros de uma maneira que não gostaria de ser tratado.

Há indícios de que os antigos egípcios tenham adotado uma forma primitiva da regra de ouro, mas o grego Tales (*c.* 624 a *c.* 546 a.C.) forneceu o que provavelmente foi sua primeira codificação formal (como citado por Diógenes Laércio): "Evite o que culparia os outros de fazer". Enquanto isso, na tradição filosófica oriental, Confúcio (551-479 a.C.) adotava uma linha similar, como detalhado na citação acima de *Os Analectos.* Ainda que uma datação exata seja difícil, *O Mahabharata,* épico sânscrito da Índia antiga, foi escrito pouco tempo depois e continha sua própria versão advinda de uma conversa entre um rei e seu conselheiro. "Todos os mundos estão equilibrados no *dharma* (a conduta reta)" é dito ao rei. "O *dharma* também inclui a via da prosperidade. Ó Rei, o *dharma* é a melhor qualidade obtenível, a riqueza é mediana e o desejo, a mais baixa. Logo, por meio do autocontrole e tendo o *dharma* como foco principal, trate todos os animais como trata a si mesmo." Na mesma linha, Sêneca, o Moço (*c.* 4 a.C. a 65 d.C.), um estoico, formulou a forma proibitiva em um ensaio que escreveu quanto à conduta com relação a escravizados: "Trate seu inferior como gostaria que seu superior o tratasse".

Ao longo dos séculos seguintes, praticamente todas as grandes religiões adotaram sua própria versão. No cristianismo, por exemplo, é explicitamente declarado no livro de Mateus: "Assim, em tudo, façam aos outros o que gostariam que fizessem a vocês, pois esta é a Lei e os Profetas". Em 1993, quando o Parlamento Mundial de Religiões publicou *Rumo a Uma Ética Global: Uma Declaração Inicial*, identificaram-se duas demandas éticas fundamentais, sendo esta a mais importante: "Precisamos dar aos outros o tratamento que deles queremos receber" — um princípio descrito como aquele "encontrado persistindo em muitas tradições éticas e religiosas da espécie humana há milhares de anos".

Então por que precisamos de duas formas básicas da máxima — a ativa e a proibitiva? Críticos da regra costumam apontar que a forma ativa é mais problemática do que pode parecer de início. Ela se apoiaria demais em uma crença em normas universais e não teria flexibilidade. Pensemos em um granjeiro que acaba de abater seu melhor boi e pretende se banquetear com um belo bife. O granjeiro sabe que, se fosse seu vizinho fazendo o mesmo, ele esperaria que o vizinho o presenteasse com alguma carne — então dá um pouco ao homem (fazendo para o outro o que gostaria que fizessem para ele). Mas e se o vizinho tivesse uma doença que o impedisse de comer carne vermelha, ou se fosse vegetariano, ou ainda se fosse hindu e contra o consumo de carne por motivos religiosos? O granjeiro se esforçou para viver perfeitamente de acordo com a regra de ouro, mas o resultado não é um aumento do bem ou da felicidade.

Argumenta-se às vezes que a forma proibitiva é pragmaticamente mais robusta, justificando-se que costuma ser mais fácil rastrear aquilo que desagrada universalmente em oposição ao que agrada universalmente. Eu não sei se meu vizinho gosta de carne, o granjeiro pode pensar, mas posso dizer com toda a certeza que eu não gostaria que alguém viesse roubar o meu boi ou botar fogo na minha casa ou sequestrar meus filhos, e que meu vizinho acha a mesma coisa. Portanto, não roubarei suas coisas, nem colocarei fogo em sua casa e também não sequestrarei seus filhos.

Ainda assim, sobram objeções. Immanuel Kant (1724-1804) era um critico especialmente destacado da regra, acreditando que ela carecia do peso das leis universais que ele buscava. Havia espaço de manobra demais para seu gosto. Por exemplo: e se um criminoso apelasse por leniência ao juiz, baseando-se no fato de que o juiz não gostaria de ser jogado na prisão... então não prenderia bandidos? E se um filho descobre a morte de seu irmão e precisa decidir se conta ou não para sua mãe idosa, sabendo que lhe partirá o coração? Deveria contar, já que não gostaria que mentissem para ele? Ou a afronta à sua dignidade por lhe ter sido negada a notícia traria a ele uma dor ainda maior? Claramente, um caso como esse não tem uma resposta certa ou errada assim tão simples e depende de uma grande quantidade de fatores e sentimentos que a regra de ouro simplesmente não tem condições de levar em conta.

A resposta de Kant foi desenvolver sua própria regra, que apresentou em *Fundamentação da Metafísica dos Costumes* (1785) e é conhecida como o imperativo categórico. Kant advogava por leis morais incondicionais (absolutas) que não dependessem de um motivo subsequente. Em suas palavras: "Aja de tal maneira que use a humanidade, tanto na sua pessoa como na pessoa de qualquer outro, sempre e simultaneamente como fim e nunca simplesmente como meio". O granjeiro, então, não deveria não sequestrar os filhos de seu vizinho por não querer que o mesmo acontecesse com ele ou por medo de ir parar na prisão, mas por entender que o ato de sequestrar alguém é lógica e racionalmente errado. Nossa conduta, afirma Kant, deveria ser guiada não por considerações incertas e discutíveis quanto à moralidade, mas pelo conhecimento de que o que fazemos é racional. "Aja apenas segundo uma máxima", disse ele, "de forma que possa ao mesmo tempo querer que ela se torne lei universal". No entanto, inevitavelmente, a formulação de Kant traz à luz alguns problemas próprios. Para começar, ela presume que todas as pessoas são capazes de um certo nível de racionalidade, mas esse não é o caso. Como podemos considerar o comportamento moral de alguém com alguma restrição mental, por exemplo, ou comparar a moralidade de uma criança com a de um adulto maduro?

Além disso, o imperativo categórico nega a existência de conflitos lógicos. Uma coisa é aceitar que é errado mentir, mas ignorar a possibilidade que uma mentira leve seja justificável é outra. Ou que, às vezes, contar a verdade possa causar danos. Seria correto contar a um homem que viu sua esposa se divertindo por aí sem ele, mesmo sabendo que ele é irracionalmente possessivo, violento e que provavelmente agrediria a esposa ao saber o que você contou? E quando há deveres conflitantes pressionando um indivíduo? Você promete levar sua amiga para fazer compras antes que as lojas fechem e precisa honrar essa promessa, mas no caminho para pegá-la, vê uma pessoa tendo um ataque cardíaco na calçada. Se parar para ajudar, poderá salvar uma vida, mas chegará tarde demais à loja. É razoável pensar que o dever inesperado de salvar uma vida deve superar o de levar uma amiga para fazer compras, mas o imperativo categórico tem dificuldades em legislar quanto a tais circunstâncias de conflito. Chegando a esse ponto, a regra de ouro pode parecer um modo mais eficiente de tomar decisões éticas, afinal.

Sartre criou uma nova adaptação enquanto explorava o existencialismo, sugerindo que, enquanto buscamos criar o sentido de nossa vida a partir do nada, aquilo que escolhemos para nós mesmos como sendo o melhor deve, por extensão, racionalmente, ser o que consideramos o melhor para todos. Em *O Existencialismo é um Humanismo*, ele escreveu:

> Quando dizemos que o homem se escolhe a si, queremos dizer que cada um de nós se escolhe a si próprio, mas com isso queremos também dizer que, ao escolher-se a si próprio, ele escolhe todos os homens. Com efeito, não há, dos nossos atos, nem mesmo um que, ao criar o homem que desejamos ser, não crie ao mesmo tempo uma imagem do homem como julgamos que deve ser. Escolher ser isto ou aquilo é afirmar ao mesmo tempo o valor do que escolhemos, porque nunca podemos escolher o mal, pois o

> que escolhemos é sempre o bem, e nada pode ser bom para nós sem que o seja para todos.[13]

A regra de ouro não é uma simples declaração de atitudes éticas que pode parecer de início. Junto de alguns dos problemas que já discutimos, ela não se encaixa tão facilmente em uma variedade de relacionamentos. Uma relação entre pai, mãe e criança, por exemplo, não pode funcionar baseada nela, já que claramente não seria apropriado que uma mãe esperasse da criança o mesmo tratamento que a criança espera dela. Enquanto uma criança pode esperar que lhe sejam fornecidos um lar confortável e sustento pago pelos pais, estes não devem esperar que a criança sinta uma compulsão moral de fornecer o mesmo a eles. Da mesma forma, não é razoável esperar que uma relação empregador-empregado seja uma de absoluta reciprocidade, nem uma relação professor-aluno. Um médico também não deve persistir com tratamentos que prolonguem a vida de um paciente ignorando a qualidade de vida ruim que o paciente em questão possa vir a ter, mesmo que o médico preferisse isso para si mesmo. Portanto, talvez fosse melhor que a regra de ouro descrevesse que devemos tratar o outro como gostaríamos de ser tratados se estivermos no mesmo papel social.

Ainda assim, apesar das complicações que advêm dela, o fato de a regra de ouro ser tão amplamente adotada há tanto tempo sugere que ela fornece uma estrutura ética que ainda não foi superada.

13 Abril Cultural, 1973.

COMECE POR SI MESMO

"Estranho, faz bem em aqui demorar-se.
Aqui nosso melhor produto é o prazer."

EPICURO,
PLACA NA ENTRADA DE SUA ACADEMIA
(SÉCULO III A.C.)

Tornou-se um fato óbvio no movimento de bem-estar moderno que, para alcançar a felicidade e ser capaz de fazer o bem ao outro, é vital aprender a amar a si mesmo. Faça a si mesmo feliz e o resto virá naturalmente. É um credo com um extenso legado. No mundo antigo, por exemplo, os hedonistas expuseram a ideologia de que o maior e mais correto objetivo da vida é a busca pelo prazer e a satisfação de nossos desejos. Viver eticamente, então, é agir de acordo com esses objetivos. O epicurismo costumava ser aglutinado ao hedonismo. Ambas as escolas privilegiam a busca pelo prazer como o objetivo maior da vida (em outras palavras, a maior virtude), ainda que suas respectivas recomendações de como conseguir prazer não há como serem mais diferentes. Apesar disso, a crença compartilhada do princípio do prazer as torna distintas de outras filosofias. Virtude, como já vimos, é um termo fluido, nem sempre ligado ao prazer, com muitas escolas filosóficas prendendo suas raízes mais na autonegação do que na autossatisfação.

A palavra "hedonismo" vem do termo grego para "prazer" ou "deleite". Está ancorada na premissa de que não apenas o prazer é a vida boa, como a dor é a ruim. O hedonismo, portanto, nos ordena a fazer o que nos traga o máximo de prazer e o mínimo de dor — uma perspectiva que promove um grau de individualismo raramente visto em outras filosofias. De início, os hedonistas, como os chamamos agora, foram os cirenaicos do século IV a.C. — seguidores do grego Aristipo de Cirene, que foi aluno de Sócrates e dizia que o prazer é resultado de ações morais, mas que os prazeres da carne superam os prazeres da mente e que não deveríamos sacrificar uma gratificação imediata em favor de um ganho a longo prazo.

Embora a permissão para sair e aproveitar a vida tenha um apelo considerável, não surpreende que o hedonismo logo tenha ganhado uma reputação de egoísmo e devassidão. A ascensão do cristianismo garantiu que o movimento fosse virtualmente varrido do mapa por um longo período. Mas aí o surgimento do humanismo, como caracterizado por pensadores como Thomas More e Desidério Erasmo (também conhecido como Erasmo de Roterdã), convidou a uma reavaliação. Ainda que não seja desculpa para uma vida de absoluta decadência, o humanismo estava mais aberto à noção de que uma vida boa cristã poderia ser menos focada em autossacrifício e evitar pecados. A busca pelo prazer, diziam, talvez esteja, afinal, alinhado com o desejo de Deus de que a humanidade seja feliz. Aceitar que o prazer por si só é um objetivo legítimo na vida também encontrou eco em várias escolas subsequentes, do utilitarismo (ver na página 154) e o esteticismo (página 171) ao libertarismo (a crença que exalta liberdades individuais como superiores a qualquer forma de autoridade).

Enquanto o hedonismo advoga pela busca do prazer nos sentidos, o epicurismo diz que o caminho para a felicidade e a paz de espírito é melhor traçado quando aplicado com moderação. O objetivo de alcançar o prazer e o de evitar a dor são o mesmo, mas a abordagem de Epicuro quanto ao que pode ser considerado prazer é muito diferente. Sua definição abrangia conhecimento, autossuficiência, camaradagem e temperança. Na verdade, assim como no budismo, ele aceitava que podemos ter que passar por um certo grau de dor e sofrimento na busca pela tranquilidade mais duradoura. Como escreveu em *Carta a Meneceu* (entre os séculos IV e III a.C.):

> Quando então dizemos que o fim último é o prazer, não nos referimos aos prazeres dos intemperantes ou aos que consistem no gozo dos sentidos, como acreditam certas pessoas que ignoram o nosso pensamento, ou não concordam com ele, ou o interpretam erroneamente, mas ao prazer que é ausência de sofrimentos físicos e de perturbações da alma. Não são, pois, bebidas nem banquetes contínuos, nem a posse de mulheres e rapazes, nem o sabor dos peixes ou das outras iguarias de uma mesa farta o que torna doce a vida, mas um exame cuidadoso que investigue as causas de toda escolha e de

toda rejeição e que remova as opiniões falsas em virtude das quais uma imensa perturbação toma conta dos espíritos.[14]

Epicuro montou uma escola conhecida como O Jardim, em Atenas, para difundir seus ensinamentos. De quem se matriculava, esperava-se que seguisse uma vida ascética, de isolamento silencioso, na maioria das vezes. Ele também dava uma grande ênfase à necessidade de evitar causar o mal ao outro: "Aquele que tem paz de espírito não perturba a si mesmo nem ao outro". Por fim, não tinha nada de orgia ou bacanal, era mais uma comunidade hippie. Se houver uma festa conjunta de uma turma de hedonistas e uma de epicuristas, pode ter certeza de que as duas não vão se misturar. Mas assim como os elementos da filosofia hedonista deixaram uma marca nos movimentos posteriores, o epicurismo também perdurou — talvez de maneira mais notável na declaração de independência dos Estados Unidos da América. É justo dizer que a afirmação quanto à "busca da felicidade" como sendo um direito humano básico é mais diretamente ligada à filosofia de Epicuro do que a de Aristipo de Cirene. Dificilmente encontraremos uma expressão mais poderosa do papel que a busca pelo prazer pode ter no estabelecimento de uma estrutura ética para a vida.

14 Editora Unesp, 2002.

QUE DIA FELIZ!

Antes de Epicuro falecer aos 71 anos, em 270 a.C., a morte pouco lhe causava medo. Ele havia identificado o medo da morte como o medo supremo, e que nossa capacidade de superá-lo contribuía para a capacidade de sentir prazer na vida. Como atomista, ele não acreditava em um pós-vida, mas sim que a alma simplesmente se dissolvia após a morte. Como a morte traz com ela o fim da consciência e da sensação física, ele não tinha medo de sentir dores emocionais ou físicas. A existência humana e seu fim, observou ele, pode ser resumida em poucas palavras: *Non fui, fui, non sum, non curo* (algo como "Eu não era, fui, não sou mais, não me importo".) Na verdade, pouco antes de sua morte, ele escreveu que foi "um dia feliz para mim, que também foi o último da minha vida".

SIGA O FLUXO

"A felicidade é um bom fluxo de vida."

ZENÃO DE CÍTIO, POR JOÃO ESTOBEU EM SUA ANTOLOGIA DE AUTORES GREGOS, SÉCULO V D.C. (SEM TRADUÇÃO CONHECIDA PARA O PORTUGUÊS)

Seja idealista, empírico, hedonista ou epicurista, os seguidores da maior parte das escolas filosóficas compartilham uma visão similar quanto ao seu trabalho — agir ativamente para entender o mundo ao redor. Os estoicos, no entanto, adotaram uma abordagem radicalmente diferente: é mais importante simplesmente aceitar o mundo como ele é.

Zenão de Cítio (*c.* 334-262 a.C.) é considerado o fundador da escola estoica, que se tornou especialmente importante depois que Roma encorajou a difusão de seus ensinamentos por todo o império no século II a.C. Nascido em Chipre, Zenão foi aluno de Crates de Tebas, que foi também uma figura-chave do cinismo filosófico, tendo sido pupilo do fundador dessa escola, Antístenes. Os cínicos acreditavam que pressuposições incorretas quanto ao valor das coisas leva ao colapso da virtude e causa sofrimento. A resposta deles era abster-se de propriedades e suprimir o anseio por desejos mundanos como fama, poder e fortuna. Além de adotar um estilo de vida espartano, também rejeitavam convenções sociais, acreditando que estas falhavam em promover a virtude ou a felicidade. De fato, eles costumavam tentar confrontar e condenar aqueles que estimavam códigos sociais.

Como o cinismo poderia parecer um tanto vago, Zenão tentou estabelecer um sistema mais robusto. Como Bertrand Russell apontou em *História da Filosofia Ocidental* (1945): "O que havia de melhor na doutrina cínica passou para o estoicismo, que tem uma filosofia muito mais completa e bem-acabada". A partir de aproximadamente 300 a.C., Zenão começou a ensinar em Atenas e adotou uma vida de abnegação (os estoicos, a propósito, eram assim chamados porque Zenão lecionava em uma colunata no centro de Atenas chamada *Stoa Poikile,* que significa "pórtico pintado").

O estoicismo foi notável por não ser apenas um modo de pensamento intelectual, mas um estilo de vida completo, e esperava-se que seus adeptos treinassem nele e se aperfeiçoassem. Parte de sua prática incorporava o estudo da lógica e do método socrático para encorajar um pensamento claro, incisivo e imparcial, direcionado tanto para dentro quanto para fora. Os estoicos acreditavam em uma forma de empirismo na qual a mente discerne a verdade por uma contínua aceitação e rejeição de impressões nela deixadas pelos nossos sentidos. Quanto à matéria, eles também acreditavam em uma força racional que a tudo abarca (vista tanto em termos de deidade quanto de natureza) e que se manifestava como matéria passiva e força ativa — normalmente caracterizada como um fogo primordial — agindo na matéria. Essa força, ou *logos,* pode ser vista como algo parecido com o destino.

Zenão ensinou que a felicidade vem de se aprender a entender *logos* e, portanto, entender por que as coisas acontecem de tal modo. É a ignorância do *logos*, sugeria ele, que causa a infelicidade e leva a atos malignos. O mal, em outras palavras, é causado por indivíduos que não entendem seu lugar no universo ou seu papel como foi determinado pelo *logos*. Ao aprender a raciocinar, esperava-se dos estoicos que se libertassem de paixões terrenas e alcançassem *apatheia*, um estado de objetividade livre de emoções. O estoicismo exigia uma resposta passiva a eventos externos, já que externalidades não podem, por si só, serem boas ou más. Essa passividade frente às vicissitudes da vida é o que a maioria das pessoas entende como "estoicismo" hoje em dia.

Valorizando as quatro virtudes platônicas (sabedoria, coragem, justiça e temperança), o estoicismo — com seu chamado para "viver de acordo com a natureza" — ecoa os ensinamentos éticos de Sidarta Gautama (*c.* 563-483 a.C.) e do budismo. Ambos recomendam comedimento e libertação das paixões como pré-requisitos para felicidade e virtude. O estoicismo, no entanto, tem um aspecto epistemológico mais refinado em sua ampla rejeição de que fenômenos individuais precisem ser ativamente compreendidos — uma visão que contrasta com praticamente tudo mais no mundo da filosofia.

O estoicismo entrou em declínio paralelamente ao colapso do império romano, com sua passividade aparentemente sendo um ponto negativo para muitos (pois essa mesma passividade era algo atraente para um poder colonizador como o da antiga Roma). David Hume está entre aqueles que refletiram quanto a essa característica peculiar, escrevendo em *Investigação sobre o Entendimento Humano* (1748):

> Desta teoria, alguns filósofos, notadamente os estoicos, derivam um motivo de consolo para todas as aflições, ensinando a seus discípulos que os males de que eles padeciam eram, na realidade, bens para o universo, e que para uma visão mais ampla, que pudesse abarcar todo o sistema da natureza, cada acontecimento se tornava objeto de alegria e júbilo. Mas ainda que essas razões sejam especiosas e sublimes, a prática não tardou a mostrar o que têm de fracas e ineficientes. É inegável que antes lograríamos irritar do que consolar um homem sujeito às dores torturantes da gota se lhe pregássemos a retidão das leis gerais.[15]

Contudo, o estoicismo talvez tenha encontrado alguma ressonância em nosso mundo contemporâneo, no qual cada vez mais pessoas tentam viver de acordo com a natureza.

15 Abril Cultural, 1973. (N.T.)

PRATIQUE O QUE PREGA

Talvez o arquétipo do cínico tenha sido Diógenes de Sinope (412 ou 404 a.C a 323 a.C.). Casado com as doutrinas da autossuficiência e austeridade, também era conhecido pela esperteza cruel com que atacava seus oponentes. Platão recebeu uma crítica particularmente mordaz. Comentando a Teoria das Ideias, por exemplo, Diógenes observou: "Já vi as taças e a mesa de Platão, mas não sua tacidade ou sua mesidade". E como resposta à descrição da humanidade por parte de Platão como "bípedes sem penas", ele foi à Academia de Platão com uma galinha depenada gritando: "Vejam! Trago aqui um homem!". Dizem também que ele andava com uma lanterna acesa durante o dia para, dizia ele ajudá-lo em sua busca por uma pessoa honesta. Completamente inflexível, ele era conhecido por dormir em uma grande jarra de cerâmica no mercado de Atenas e se alimentar apenas de carne crua — cimentando assim sua reputação como o cínico original.

A FELICIDADE NÃO SE COMPRA

"As ações estão certas na medida em que tendem a promover a felicidade, erradas na medida em que tendem a produzir o reverso da felicidade. Por felicidade, entende-se o prazer e a ausência de dor."

JOHN STUART MILL, *O UTILITARISMO* (1861)

Em 1776, as 13 colônias que se tornaram os Estados Unidos da América lançaram sua declaração de independência. Em seu centro estava a afirmação de que "todos os homens são criados iguais, dotados pelo Criador de certos direitos inalienáveis, e entre estes estão a vida, a liberdade e a busca da felicidade". A noção do direito a buscar a felicidade (que já vimos no capítulo sobre epicurismo) também é um princípio central do utilitarismo, uma filosofia originalmente capitaneada por Jeremy Bentham (1748-1832), resumida na frase "a maior felicidade ao maior número de pessoas". É uma perspectiva filosófica que exerceu uma extraordinária influência na forma como as sociedades modernas contemplam questões de ética.

Advogado por profissão, Bentham ficou desiludido com as falhas que encontrava repetidamente no sistema jurídico. Ele se lançou na tarefa de criar um código legal mais abrangente, baseado na ideia do utilitarismo, que resumiu em *Uma Introdução aos Princípios da Moral e da Legislação* (1789): "(...) a medida de certo e errado é a maior felicidade ao maior número de pessoas". Um aspecto-chave de sua tese é que cada decisão individual pode ser julgada mais ou menos eficiente do que outra em termos de utilidade — ou seja, a geração de felicidade e prazer (que se relaciona diretamente à ausência de dor). A atitude que mais estiver em conformidade com o princípio da utilidade será, por definição, a melhor e mais correta a se tomar. De forma semelhante, uma ação que aumente a dor e a infelicidade deve ser evitada. "A natureza", dizia ele, "colocou o gênero humano sob domínio de dois senhores soberanos: a dor e o prazer. Somente a eles compete apontar o que devemos fazer, bem como determinar o que na realidade faremos. Ao trono desses dois senhores está vinculada, por um lado, a norma que distingue o que é certo do que é errado, e por outro, a cadeia das causas e dos efeitos. Os dois senhores de que falamos nos governam em tudo o que fazemos, em tudo o que dizemos, em tudo o que pensamos, sendo que qualquer tentativa que façamos para sacudir este senhorio outra coisa não faz senão demonstrá-lo e confirmá-lo".[16]

Bentham desenvolveu uma medida formal para calcular a utilidade relativa chamada "cálculo felicífico". Ele emprega 12 classificações de dores e 14 de prazeres para medir a relativa possibilidade, extensão, intensidade e duração da dor ou prazer resultante de qualquer ação. Bentham conjecturou que o utilitarismo abriria o caminho para um modo simples e justo de governo. Na busca constante da maior felicidade para o maior número de pessoas, sugeria ele, haveria chances menores de queixas individuais e injustiça social. A desigualdade também seria reduzida, já que as necessidades da maioria sempre seriam a prioridade. Além disso, ele dizia que todas as fontes de prazer tinham o mesmo valor — de comer um bolo a ir à ópera ou fazer trabalho de caridade para os mais pobres. Reconhecendo isso, segundo sua teoria, indivíduo algum estaria em desvantagem por diferenças de gênero, crença religiosa, classe social ou habilidades pessoais.

John Stuart Mill (1806-1873) assumiu e adaptou substancialmente a filosofia de Bentham, concordando com a ideia de "a maior felicidade ao maior número de pessoas", mas desviando-se completamente do conceito de como medir a utilidade. Ele também acreditava que o utilitarismo poderia trazer igualdade social, como escreveu em *Sobre a Liberdade* (1859): "O único propósito justificável de exercer poder sobre qualquer membro de uma comunidade civilizada, contra sua vontade, é o de evitar dano a outros". Mas em vez de igualdade em todas as fontes de felicidade, Mill separou o que considerava como "prazeres mais elevados" (buscas morais, intelectuais, etc.) e os "prazeres mais baixos" (carnais, por exemplo). Para Mill, ler e melhorar uma obra literária era então uma fonte de felicidade "melhor" do que comer um bolo. Os "prazeres mais baixos", dizia ele, costumavam ser mais apreciados apenas porque as pessoas tinham acesso limitado aos "prazeres mais elevados".

16 Abril Cultural, 1979. (N.T.)

Mas a busca por prazeres mais elevados, ele afirmava, beneficiava mais a sociedade — ao, por exemplo, encorajar caridade e educação — do que a busca por prazeres mais baixos.

O utilitarismo teve um impacto significativo no pensamento político e econômico ao longo dos séculos. Muitos governos, por exemplo, depositaram sua fé na economia de livre-mercado, sustentada pela ideia de que o mercado regula a si mesmo, já que sempre tenta encontrar o "ponto ideal" no qual a maior felicidade do maior número de pessoas é alcançado. Mas essa filosofia também atraiu críticas severas em diversos aspectos.

Para alguns, a própria noção de que é possível quantificar e prever a utilidade é uma execração. É ridículo por natureza, dizem alguns críticos, tentar avaliar de maneira significativa a felicidade de comer um sanduíche saboroso ou de dar um lar a um órfão ou completar uma maratona. Por exemplo: como a utilidade de comer um chocolate se relaciona com a utilidade de alguém descobrir que tem diabetes por comer chocolate demais? Outros argumentam que a utilidade só pode ser medida depois que uma ação já foi executada — talvez o sanduíche parecesse muito saboroso, mas o queijo estava meio passado. Se for mesmo esse o caso, então o utilitarismo acabará sendo diminuído como uma ferramenta para decidir previamente o curso de ação correto a se tomar.

Além da questão prática, há problemas morais também. O utilitarismo não parece levar em conta obrigações específicas que possamos ter. Por exemplo, acredita-se que os pais têm a responsabilidade de proteger seus filhos. Mas considere o seguinte cenário: um pai está em um banco com seu filho quando entram bandidos armados. Um dos assaltantes aponta a arma para a criança. O pai pode salvar a criança empurrando-a para longe, mas, fazendo isso, deixa outras duas pessoas na linha de fogo. O utilitarismo sugeriria que uma criança poderia ser sacrificada em prol do "bem maior" de duas outras potenciais vítimas. Por outro lado, o pai ficar parado e nada fazer joga pela janela a sabedoria convencional do dever familiar.

O clássico Dilema do Bonde é outro teste para os utilitaristas. Ele propõe que há um bonde descontrolado em rota de colisão com cinco pessoas que estão amarradas aos trilhos. Você está ao lado de uma alavanca que pode desviar o bonde para outro trilho, onde está uma única pessoa. O que você faz? Nada, que resultará em cinco mortes? Ou puxa a alavanca e salva cinco pessoas, mas causa a morte de outra que, se nada tivesse sido feito, estaria sã e salva? Com a era dos carros autônomos se aproximando, tais dilemas começam a chegar ao mundo real. Por exemplo: será que um veículo autônomo deveria ser programado para optar por avançar contra uma pessoa idosa na calçada a fim de salvar a vida de uma criança que atravessou a rua na hora errada?

Hoje o utilitarismo continua a oferecer uma visão potente de mundo. A maioria dos governos continua baseada na noção de trazer a maior felicidade para o maior número de pessoas. No entanto, avançar com a tese até seu objetivo lógico nos leva a um espaço moralmente questionável. Como o acadêmico sueco Torbjörn Tännsjö (nascido em 1946) disse à revista *3 AM:* "O utilitarismo releva a morte de seres humanos inocentes, até assassinato, se isso fizer do mundo um lugar melhor".

A FELICIDADE TEM PREÇO?

Ainda que esperássemos que Bentham aceitasse de bom grado a demanda pelo direito à busca da felicidade na declaração de independência dos EUA, na verdade ele era um grande crítico do documento. Primeiramente, como dizia que uma ação só pode ser julgada pela utilidade que alcança, ele rejeitava a própria ideia de direitos "naturais" ou "inalienáveis". Além disso, ele achava que o documento implicava que o indivíduo teria o direito de buscar a felicidade "onde quer que achasse poder vê-la e por quaisquer meios que pensasse conseguir". Portanto, "ladrões não seriam desencorajados a roubar, assassinos a matar e rebeldes a se rebelar". A declaração, acreditava ele, colocava a felicidade do indivíduo acima da felicidade do "maior número de pessoas".

EQUILIBRANDO A BALANÇA

"A justiça deve sempre questionar a si própria, uma vez que a sociedade só pode existir por meio do trabalho feito em si mesma e sobre as suas instituições."

MICHEL FOUCAULT, NO JORNAL *LIBÉRATION* (1983)

Discussão ética alguma seria completa sem pelo menos um aceno à questão do que constitui a justiça. A maioria dos filósofos aceita que, como membros de sociedades (locais, nacionais e transnacionais), indivíduos são imbuídos de certos direitos e responsabilidades. Pode ser nosso direito, por exemplo, viver em paz em nossas casas, mas temos a responsabilidade correspondente de permitir a outros que façam o mesmo. Se violarmos as normas aceitas da nossa sociedade (tipicamente consagradas pela legislação) e assim causarmos sofrimento desnecessário ao outro ou à sociedade em geral, é senso comum que devamos esperar uma punição. Até agora, tudo bem. Mas a questão de como julgar o tamanho do crime e assim impor a punição apropriada é um desafio muito mais complicado.

Se tomarmos o crime como um ato (ou, às vezes, uma omissão, como não pagar os impostos) que viola a lei, uma punição é a imposição do sofrimento sobre o transgressor, de forma deliberada e autorizada. Para o filósofo, essa inter-relação levanta uma série de questões. Qual é o propósito da punição? É o de obter vingança ou impedir que o infrator se desvie novamente ou desencorajar outros a cometer a mesma transgressão? É uma punição adequada? Como podemos julgar o quão sério é um crime? Dois crimes são igualmente ruins se o resultado for o mesmo, mas as intenções dos infratores forem diferentes?

Para Confúcio (551-479 a.C.), a punição era algo necessário, porém, como meio de manter o contrato social, era menos desejável do que fornecer modelos de virtude. Ele dizia: "Guie o povo por meio de leis, mantenha-o na linha com punições, e ele ficará longe do crime, mas não terá noção alguma de vergonha. Guie-o pela virtude, mantenha-o na linha dando educação, e o povo aprenderá a ter vergonha e reformará a si mesmo".

Platão (*c.* 429-347 a.C.), por sua vez, usou a figura de Protágoras (como retratado em uma conversa com Sócrates) para explorar o propósito da punição:

> Se você refletir sobre a natureza do castigo, Sócrates, sobre o que é capaz de fazer a quem cometeu injustiça, ela mesma lhe ensinará que os homens consideram que a virtude pode lhes ser provida. Pois ninguém, cujo desagravo não seja irracional como o de um animal, pune quem cometeu injustiça com a mente fixa nisto e em vista disto, ou seja, na injustiça cometida. Quem procura punir de forma racional pune não em vista do ato injusto já consumado – pois o que foi feito está feito –, mas visando ao futuro, a fim de que ninguém torne a cometer injustiça, seja a pessoa punida, seja quem a viu ser punida. Com tal pensamento, pune-se, sim, em vista da dissuasão, dessa forma claramente inferindo que a virtude é passível de ser ensinada.

Em outro momento, Platão elaborou melhor o modo de calcular o tamanho de uma punição. "Acredito que o grau com que um criminoso será punido", disse ele, "deva ser determinado por três elementos: um patamar inicial que compense proporcionalmente a vítima e uma pena adicional que, primeiro, reforme o criminoso, e segundo, impeça outros de cometerem crimes".

Tanto Confúcio quanto Platão poderiam ser considerados protoutilitaristas nesse assunto (ver utilitarismo na página 154). O utilitarismo pretende alcançar o nível mais elevado possível de felicidade para todos. Portanto, um utilitarista considerará a quantidade de infelicidade causada por um tipo de crime comparada à infelicidade causada pela punição, assim como levará em conta qual a probabilidade que um castigo específico terá de impedir que o criminoso e outros repitam esse crime. Em termos mais gerais, isso significa que, quanto maior o crime, maior o castigo. Como colocou Jeremy Bentham: "Quanto maior o dano do crime, maior o esforço que pode valer a pena ser despendido visando à punição".

Pense, por exemplo, em um menino roubando maçãs. O crime causa apenas uma pequena quantidade de infelicidade se comparado a, digamos, um assassinato. Dez anos de prisão por um crime desse tipo causaria demasiada tristeza ao menino e a seus amigos e família também, sem dúvida. Certamente, uma punição como essa o desestimularia a repetir o crime (dissuasão específica) e a outros também (dissuasão geral), mas teria que dissuadir a muitos antes de a felicidade resultante de menores taxas de roubo de maçãs se equiparar à infelicidade causada pela punição. Em termos utilitários, a punição simplesmente não se encaixa no crime, nem, poderíamos dizer, contribui muito para promover outro ideal utilitarista: a reabilitação. É improvável que uma longa passagem pela prisão aumente as chances de o infrator encontrar um bom caminho no mundo dentro dos limites da lei e pouco contribui também para diminuir o risco de reincidência.

Porém, se o menino tivesse cometido um assassinato, a equação se tornaria muito mais complicada. Ainda que a matemática não seja nem um pouco direta, pode-se argumentar que, se uma longa sentença dissuadir apenas dois outros de cometer assassinato, então ela terá sido justificada. Mas e se o menino tivesse roubado uma única maçã em meio a uma onda de roubos de maçãs que empobreceu dúzias de donos de pomares? Mesmo que muitos outros fossem responsáveis pelos roubos, exceto a única maçã roubada pelo menino, uma punição severa (10 anos de prisão, por exemplo) contra ele poderia funcionar como um dissuasor eficaz contra os outros. O resultado poderia ser um aumento na felicidade entre todos os donos de pomar e seus dependentes. Mas é mesmo justo o menino pagar um preço bizarramente alto por um crime menor, se considerado sozinho?

Em contraste aos seguidores do utilitarismo, retributivistas acreditam que a punição deveria estar ligada ao crime a partir de embasamentos morais. Na prática, ambas as escolas costumam chegar a conclusões similares, de que crimes maiores devem receber punições maiores, mas o raciocínio tende a ser diferente. Um retributivista não toleraria uma punição especialmente severa contra o nosso ladrão de maçãs baseando-se no fato de que isso promoveria o bem maior. Em vez disso, a punição do ladrão seria decidida tendo como base somente o mérito moral do crime.

Immanuel Kant está entre os que tremulam a bandeira do retributivismo. Punição e justiça, diz ele, deveriam ser julgadas sob o "princípio da igualdade", sem que a balança da justiça penda mais para um lado do que para outro. Em *Metafísica dos Costumes* (1797), ele disse: "Toda ação que fere o direito de um homem merece uma punição, por meio da qual o delito é vingado no seu autor (e não apenas reparado o dano ocasionado)". Em outras palavras, para restaurar o equilíbrio, a justiça demanda retaliação contra um crime, com Kant insistindo que um crime deve ser cometido também contra os perpetradores — a punição deve se equiparar ao crime. Esta visão vem de uma tradição muito antiga, que costuma ser resumida pela frase "olho por olho". Em *Ética a Nicômaco* (350 a.C.), Aristóteles também defendeu que uma punição severa funciona como o melhor dissuasor: "O homem comum não obedece por natureza ao sentimento de pudor, mas unicamente ao medo, e não se abstém de praticar más ações porque elas são vis, mas pelo temor ao castigo".

Kant considerava a pena de morte uma retaliação válida para assassinato, já que "se a justiça e a retidão perecessem, a vida humana não teria mais valor algum no mundo". Mas tal visão é deveras problemática. Em um nível bem prático, qual é a punição "equivalente" para certos crimes? É totalmente ridículo sugerir que um assaltante seja assaltado ou que um golpista seja vítima de um golpe. Então, aceita-se de maneira geral que há algumas punições equivalentes aos crimes que uma autoridade responsável não pode colocar em ação. Que governo, por exemplo, autorizaria o estupro como punição para um estupro? Claro, existem diversas áreas cinzentas também, motivo pelo qual temos uma situação em que a pena capital é aceitável em alguns países e completamente inaceitável em outros (e no caso dos EUA, o modo de agir pode mudar muito quando se atravessa uma divisa estadual).

Em seu ensaio *Reflexões sobre a Guilhotina* (1957), Albert Camus abordou o assunto, denunciando a pena de morte como desprovida de equivalência:

> Mas o que é, então, a pena capital, senão o mais premeditado dos homicídios, diante do qual nenhuma ação do criminoso, no entanto, pode ser calculada ou comparada? Se houvesse uma equivalência real, a pena de morte deveria apenas ser sentenciada a um criminoso que tenha avisado sua vítima do momento exato em que daria a ela uma morte horrível e que, a partir do aviso, a mantivesse presa ao longo de meses [o equivalente ao tempo no chamado "corredor da morte"]. Um monstro assim não se encontra na vida normal.

Camus era, de modo geral, cético quanto a punições exageradas. Em seu celebrado ensaio *O Homem Revoltado* (1951), ele escreveu: "A justiça absoluta passa pela supressão de toda contradição: ela destrói a liberdade". Esse senso de punição sendo brandido como uma arma por aqueles desejosos de impor sua própria autoridade pode ser rastreado até outras notáveis vozes filosóficas também, entre elas Friedrich Nietzsche. "Desconfie de todos em quem o impulso de punir é poderoso!", avisou ele em *Assim Falou Zaratustra* (1885), enquanto que, em seu ensaio *A Genealogia da Moral* (1887), ele escreveu: "Em tese geral, o castigo endurece, concentra e aguça os sentimentos de aversão, aumenta a força de resistência". Nos Estados Unidos, Ângela Davis tem sido uma voz vigorosa a favor da reforma prisional, questionando se o sistema atual não nos afasta de tratar das questões que realmente atrapalham nossas sociedades. Em seu tratado *Estarão as Prisões Obsoletas?* (2003), ela postula que a prisão nos "libera da responsabilidade de lidar seriamente com os problemas da nossa sociedade, principalmente os produzidos pelo racismo e, cada vez mais, o capitalismo global". Em outras palavras, a punição judicial empunhada pelos poderosos se torna ela mesma uma ferramenta de injustiça.

Há uma multidão de filósofos e juristas que defendem um meio-termo entre utilitarismo e retributivismo, traçando um curso que reconheça a punição como um modo de dissuadir o crime futuro, mas também como reconhecimento da iniquidade intrínseca de crimes passados. Mas o filósofo também precisa considerar a linha tênue que existe entre a punição ser legítima e uma coerção ilegal. Como a pensadora francesa Simone Weil destacou em um ensaio pouco antes de sua morte, em 1943: "Existe uma única coisa na sociedade moderna mais hedionda que o crime — a justiça repressiva".

FAÇA O QUE FOR NECESSÁRIO

"E não foram poucos os que imaginaram repúblicas e principados que nunca se viram nem se verificaram na realidade. Todavia, a distância entre o como se vive e o como se deveria viver é tão grande que quem deixa o que se faz pelo que se deveria fazer contribui rapidamente para a própria ruína e compromete sua preservação."[17]

NICOLAU MAQUIAVEL, *O PRÍNCIPE* (1532)

17 Companhia das Letras, 2009. (N.T.)

Os Bórgia constituíam uma grande dinastia que chegou à proeminência na Itália renascentista. A família produziu dois papas e acumulou muita riqueza e poder. No processo, eles ganharam reputação de luxúria, devassidão em geral e, talvez acima de tudo, crueldade, eliminando com gana todos aqueles que ficavam em seu caminho. Mas também há sinais de uma filosofia moral perturbadora que sugere, de uma maneira extremamente pragmática, que o comportamento de um líder não deve ser julgado pelos padrões morais tradicionais, mas de acordo com o sucesso que alcança nos objetivos gêmeos de promover o sucesso do espaço que governam e consolidar o poder e a glória do líder em questão. Hoje, essa complexa filosofia costuma ser entendida na frase "os fins justificam os meios". Em outras palavras, não há problema em fazer o que for necessário, desde que consiga o resultado desejado. É uma filosofia que foi postulada por Nicolau Maquiavel em sua obra *O Príncipe* (1532), à qual nos referimos como maquiavelismo.

Maquiavel nasceu em 1469, em Florença, em uma época em que a vida italiana se definia pelas ações de suas muitas cidades-estado. Sua própria cidade tinha passado muito tempo sob o domínio do poderoso clã Médici, mas naquele momento, vivia uma situação de declínio. Maquiavel trabalhou para o governo como diplomata, e foi nessa função, em 1502, que conheceu o formidável César Bórgia, Duque de Valentinois e filho ilegítimo do Papa Alexandre VI. César havia sido cardeal, mas abdicou do cargo e se tornou general do rei francês Luís XII, em nome de quem conquistou diversas cidades-estado italianas e construiu uma grande base de poder para si próprio no processo.

Maquiavel estudou as façanhas e métodos de César Bórgia de perto por muitos meses. Bórgia, ele notou, variava de momentos de alegria e charme a confidencialidade, mau humor e raiva. Ele era um grande planejador, que buscava governar com eficácia, mas podia também ser oportunista e totalmente implacável. Maquiavel o admirava tanto quanto temia suas variações de humor. Uma década depois, em 1513, Maquiavel se viu de volta a Florença, longe das graças dos Médici, e decidiu então escrever um livro para conseguir seus privilégios de volta. O resultado foi *O Príncipe*, um tratado sobre governança baseado em seu testemunho de Bórgia.

Maquiavel defende que "o Príncipe" (no caso, um governante) é moralmente livre para fazer o que quer que seja necessário para alcançar seus objetivos, não importa o quão desagradáveis sejam essas ações. Em uma época em que a igreja católica romana dominava a vida europeia, ainda mais na Itália, essa foi uma obra que rejeitava categoricamente a moral cristã tradicional em favor dos poderosos — um fato que fez com que o livro fosse banido pela igreja e sua publicação só acontecesse muitos anos depois da morte do autor.

O Príncipe pode certamente ser considerado a primeira grande obra de *realpolitik* (política baseada não em ideais, mas em objetivos práticos — o termo foi cunhado por Ludwig von Rochau, um estadista e escritor alemão do século XIX). Maquiavel afirmava que era permissível a um príncipe recorrer a qualquer ação — incluindo fraude e assassinato — com o interesse de manter a estabilidade e a segurança de seu reino. Se uma mentira pode manter a paz, que assim seja. Mas isso não significa que o governante deve utilizar tais táticas porque assim prefere. Maquiavel também deixa clara a necessidade de demonstrações de compaixão e generosidade para endossar a moralidade pública e consolidar apoio, o que, por sua vez, reduz a possibilidade de revoltas. Mas mesmo concordando com a ideia de que um príncipe deveria buscar o amor de seu povo, ele dizia que ser amado por seus súditos é algo menor do que ser temido:

> (...) todos gostariam de ser ambas as coisas, porém, como é difícil conciliá-las, é bem mais seguro ser temido que amado (...) porque o amor é mantido por um vínculo de reconhecimento, mas como os homens são canalhas, se aproveitam da primeira ocasião para

rompê-lo em benefício próprio, ao passo que o temor é mantido pelo medo da punição, o qual não esmorece nunca.

O credo maquiaveliano foi bem acolhido pelos Médici, a audiência primária para quem o livro foi escrito, mas, de maneira previsível, evocou também uma grande oposição. Foi atacado pelos principais humanistas da época, incluindo Erasmo. Francis Bacon escreveu em seu *Meditationes Sacrae* (*Meditações Sagradas*, 1597, sem tradução conhecida para o português) que a obra deveria ser lida por todas as pessoas boas para que se defendessem contra o mal:

> Devemos muito a Maquiavel e a outros dessa espécie, que abertamente e sem máscara expõem o que os homens realmente fazem e não o que deveriam fazer, pois é impossível juntar a sabedoria da serpente à inocência da pomba sem um prévio conhecimento da serpente: sua baixeza ao se arrastar, sua volubilidade, sua inveja e sua picada e todo o resto, ou seja, todas as formas e naturezas do mal. Pois, sem isso, a virtude encontra-se aberta e desprotegida. Não, um homem honesto não tem como superar os perversos sem ter o conhecimento sobre o mal.

Certamente, muito do que Maquiavel tinha a dizer não era interessante. Sem dúvida, seria melhor imaginar que temos líderes benevolentes e não mercadores de poder implacáveis, preparados para fazer qualquer coisa para atender seus propósitos. Ainda assim, *O Príncipe* continua a ecoar como um trabalho filosófico que examina certos pressupostos em um contexto cru e realista. O texto não ser algo comovente não significa que não tenha valor. Em termos filosóficos, isso sinalizou a chegada do pragmatismo filosófico de Peirce e James, antecipando em alguns séculos seus argumentos de que uma boa liderança se refletia não nas boas intenções do líder, mas nos resultados práticos de suas ações. Também poderia ser visto como distintamente utilitarista em sua disposição em sacrificar a felicidade de alguns pelo benefício de muitos (como representado pelo Estado). Poderíamos argumentar que a morte extrajudicial de 10 conspiradores é melhor do que a perda de milhares de vidas em uma guerra civil. Porém, o que talvez seja mais significativo para o filósofo é que Maquiavel demanda que questionemos preceitos éticos muito bem difundidos e lança ideias perturbadoras do que pode ser considerado "bom".

ESCREVENDO PARA A PLATEIA

Curiosamente, é possível que Maquiavel nunca tenha acreditado ele mesmo em tudo que escreveu em *O Príncipe*. Em *Discursos sobre a Primeira Década de Tito Lívio* (escrito por volta de 1517 e publicado em 1531), ele questionava se a ideia de principados era algo desejável. "Governos do povo são melhores do que os de príncipes", escreveu. "Apenas em instâncias em que há igualdade social insuficiente para estabelecer uma república, um principado deveria ser o método a ser escolhido." Isso leva muitos a pensar se *O Príncipe* não tinha como intenção ser uma sátira, e não um manual de governança. Talvez fosse um artifício escrito com a única intenção de seduzir um mecenas — transformar o próprio livro em um artefato de apoio para a máxima de que "os fins justificam os meios".

A VIDA É BELA

"A beleza é verdade, a verdade, beleza — isso é tudo que sabemos na terra e que importa saber."

JOHN KEATS, *ODE SOBRE UMA URNA GREGA* (1819)

Depois das artes macabras de Maquiavel, falemos sobre algo menos desconfortável para terminar: estética. Estética é a parte da filosofia que estuda questões do belo e de gosto artístico. Não é considerada um ramo da ética, mas as duas disciplinas costumam ser agrupadas no campo da axiologia: o estudo da natureza do valor e da valorização. Fazemos julgamentos estéticos todos os dias. Quando você franze a testa ouvindo a música *horrível* do vizinho tocando alto demais, ou quando fica olhando para a foto de gatinhos jogando bilhar pendurada na parede (quando em vez disso poderia ter, digamos, uma cópia da *Mona Lisa* ou uma tela original com manchas de tinta executadas por um talentoso elefante), ou quando avalia se deveria reler *Guerra e Paz* ou se afundar em *Cinquenta Tons de Cinza,* e mesmo quando está decidindo se compra rosas vermelhas ou amarelas... todas essas são decisões estéticas.

A palavra "estética" vem do grego ("relativo aos sentidos") e envolve questões de como julgamos a apreciação de qualquer objeto (uma flor, o corpo humano, a organização das estrelas no céu noturno) e questões especificamente relacionadas a obras de arte criadas conscientemente. Algumas outras perguntas abrangem ambos os elementos. Por exemplo:

- Quais qualidades algo deve ter para ser considerado belo?
- Podemos falar sobre beleza de maneira objetiva ou todas as afirmações sobre beleza são subjetivas *per se*?
- Como podem duas coisas completamente diferentes — digamos, uma árvore e um relógio — serem consideradas igualmente "belas"?

Então temos todas as questões relacionadas especificamente à arte:

- O que constitui uma obra de arte?
- Qual é o propósito da arte?
- Como podemos julgar o sucesso de uma obra de arte?
- A arte pode alegar, de maneira válida, expressar verdade ou moralidade?

E isso é só o começo. Quanto mais você mergulha nesse campo, mais questões acabam aparecendo.

Julgamentos estéticos podem parecer intrinsecamente instintivos. A maioria de nós já encontrou algo que outros amam, mas não nos faz ter qualquer reação. Do mesmo modo, quantos de nós não tiveram um momento quando uma imagem, uma cena ou uma música nos causou arrepios? "Eu sei que eu gosto (ou não gosto) disso" é uma frase corriqueira que nos permite julgar e evitar explicar o motivo. Julgamentos estéticos geralmente são o resultado de diversos conjuntos de respostas — sensoriais, emocionais e intelectuais. Isso faz com que esses julgamentos sejam particularmente difíceis de desfazer e leva a mais questionamentos, como o quão instintivo é um julgamento estético (o produto de nossa natureza) e o quanto é algo que aprendemos (o produto de nossa educação).

A discussão da estética é especialmente suscetível ao caos linguístico, no sentido de que seus termos costumam ser mal definidos e abertos à interpretação. Por exemplo, como podemos saber o que duas pessoas diferentes querem dizer com a palavra "lindo"? Uma pessoa pode dizer sinceramente que um vaso Ming é lindo e, no momento seguinte, dizer que testemunhar o nascimento de seu filho foi lindo também. Continua sendo significativo comparar o que a pessoa quer dizer com "lindo" em cada contexto? Será que não está usando a mesma palavra para descrever dois estímulos tão diferentes que a comparação perde o sentido? Especialmente quando se pode reciclar o termo para falar sobre o aroma da grama recém-cortada ou para descrever um problema de matemática.

Mesmo assim, filósofos passaram séculos tentando estabelecer princípios estéticos sólidos, ainda que raramente tenha se chegado a algum consenso. Na China antiga, por exemplo, Confúcio (551-479 a.C.) argumentou que as artes (principalmente poesia e música) eram meios vitais para expandir a natureza humana, que por sua vez consolidava a poderosa adesão social que ele defendia. Todavia, Mozi, nascido na China poucos anos após a morte de Confúcio, expressou a visão de que a música e as artes eram apenas passatempos decadentes, praticados para agradar os mais ricos.

Na Grécia antiga, acreditava-se que o belo é uma realidade concreta, não apenas uma opinião subjetiva. Platão, por exemplo, considerava que fatores incluindo unidade e proporção eram essenciais para alcançar a beleza. Aristóteles, por sua vez, buscava a ordem e a simetria nas coisas belas. Considere esta observação extraída de *Poética* (*c.* 335 a.C.):

> Outrossim, a beleza, quer em um animal, quer em qualquer coisa composta de partes, precisa ter não apenas uma arrumação ordenada dessas partes, mas também determinada extensão, não uma qualquer. A beleza reside na extensão e na ordem, razão porque não poderia ser belo um animal de extrema pequenez (pois se confunde a visão reduzida a um momento quase imperceptível), nem de extrema grandeza (pois a vista não pode abarcar o todo — escapam à vista dos espectadores a unidade e o todo, como, por exemplo, se houvesse um animal de milhares de estágios).[18]

A noção objetiva e universal de beleza tem durado bastante. De fato, parece haver certos conceitos do que constitui a beleza compartilhados por culturas diferentes em épocas distintas. Uma flor que acabou de brotar, por exemplo, dificilmente inspiraria um sentimento de repulsa em algum lugar. Consistente com sua visão filosófica global, Immanuel Kant (1724-1804) estava entre aqueles que defendiam haver uma universalidade estética. Também há provas significativas de que outros conceitos de beleza variam muito entre períodos históricos e

18 Cultrix, 2005. (N.T.)

culturas diferentes. Quando Rubens retratava a figura feminina para uma audiência europeia do início do século XVII, uma certa voluptuosidade era algo valorizado que claramente difere do ideal de feminilidade que há muito se promove no mundo da moda contemporânea (ainda que o surgimento de mais modelos *plus-size* em tempos mais recentes sugira que esses ideais e nosso senso coletivo do que constitui a beleza estejam sendo questionados novamente).

Sugeriu-se que talvez haja um aspecto evolucionário que influencia o que consideramos belo. Por exemplo: em uma época em que muitas pessoas nem tinham o suficiente para comer e sofriam as repercussões físicas disso, as figuras de Rubens podem ter tido um apelo especial como símbolo de riqueza, nutrição e fertilidade. Em comparação, nesta nossa época de maior segurança alimentar, talvez um corpo mais leve e atlético seja um símbolo melhor de nossos objetivos evolucionários. Há também uma escola de pensamento que diz que o segredo da beleza está na matemática. No século III a.C., por exemplo, Euclides descreveu o que veio a ser conhecido como a "proporção áurea" entre dois objetos (às vezes chamada de "divina proporção"), que dizem ter propriedades estéticas especiais. Há algumas provas de que a proporção ocorre em toda a natureza e que ela tem influenciado artistas e arquitetos, consciente e inconscientemente, ao longo do tempo. Salvador Dalí e Le Corbusier estão entre os nomes mais conhecidos que incorporaram ativamente a proporção em vários de seus trabalhos no século XX, enquanto o *Homem Vitruviano* de Leonardo da Vinci (*c.* 1490) costuma ser citado como outro exemplo da proporção em ação (ainda que, na verdade, essa obra não esteja exatamente nos conformes matemáticos).

Quando se trata de estudar a arte especificamente, em oposição a objetos em geral, as perguntas não param. Para começar, o que conta como arte, afinal? Digamos, quando uma lata de sopa deixa de ser apenas uma embalagem e se torna arte? ("Quando Andy Warhol quiser" parece ser a resposta). E o que diferencia arte e ofício? Podemos dizer que um ceramista que produz centenas de potes para uso doméstico é também um artista? Será que o verdadeiro artista busca produzir algo único enquanto o artesão tem como intenção apenas a repetição perfeita? E quanto a uma litografia de David Hockney, reproduzida às centenas? E o que diferencia a arte boa da arte ruim? O termo "impressionistas" foi originalmente usado negativamente contra Monet e seus contemporâneos, um insulto que se referia à pintura *Impressão — Nascer do Sol*, um marco de Monet. O grupo não era aceito por grande parte do mundo da arte e suas produções eram tidas como obras de valor estético mínimo. Como hoje sabemos, o impressionismo provou ser um movimento artístico deveras influente e de enorme apelo popular. Mesmo que você não goste muito de impressionismo, é difícil negar que muitas dessas obras têm um valor estético significativo — ainda que não seja o que sugeriam os críticos da época.

A arte geralmente é considerada algo intencional. Não acontece de maneira espontânea, é criada conscientemente. Historicamente, isso também é associado a um certo nível de habilidade técnica. Mas isso também se questiona há um bom tempo. Em 1917, por exemplo, Marcel Duchamp causou uma comoção quando exibiu um urinol pré-fabricado virado de ponta-cabeça em uma exposição em Nova York. Fazendo isso, ele abriu caminho para o dadaísmo e o surrealismo e questionou a própria noção do que constitui uma obra de arte. De repente, a habilidade técnica parecia menos importante do que o simples ato de declarar que algo é arte.

A intenção importa, então. Mas deveria? Em seu famoso ensaio *La Mort de l'Auteur* (*A Morte do Autor*, 1967, sem tradução conhecida para o português), Roland Barthes argumentou que qualquer texto literário deveria ser considerado apenas por mérito próprio, sem referências às intenções ou biografia do autor. Se por um lado o texto só existe pela intenção de seu autor que assim o deseja, por outro Barthes sugere que, na verdade, é o leitor que dá significado ao texto. Isso, no entanto, vai contra as ideias de, por exemplo, Friedrich Nietzsche, cuja concepção de arte foi assim descrita por Martin Heidegger em *Ser e Tempo* (1927):

> (...) o fato de ele ver a arte e toda a sua essência a partir do artista e, com efeito, conscientemente e em oposição expressa àquela concepção de arte que representa o fenômeno artístico a partir

daqueles que "gozam" dele e o "vivenciam". É um princípio norteador dos ensinamentos de Nietzsche quanto à arte: ela deve ser interpretada nos termos dos criadores, não dos apreciadores.

E para que serve a arte? Para revelar alguma verdade ou sabedoria? Para elevar? Persuadir? Reconhecer nossa humanidade compartilhada? Ou é suficiente ter a arte pela própria arte? Esta última ideia foi a força motriz do esteticismo, movimento que surgiu no século XIX. Como uma de suas principais figuras, Victor Cousin, observou: "O belo não pode ser um meio para levar ao útil, ou ao que é bom, ou ao que é sagrado — ele leva apenas a si mesmo". Via de regra, Oscar Wilde é considerado alinhado ao movimento, e em *O Retrato de Dorian Gray* (1890), ele defendeu o belo das acusações de superficialidade: "Às vezes dizem que a beleza é apenas superficial. Pode até ser. Mas pelo menos não é tão superficial quanto o pensamento. Para mim, a beleza é a maravilha das maravilhas".

Mas então voltamos ao problema de como julgar o que é beleza. Seria tudo uma questão de gosto? Por exemplo: por que uma pessoa pode considerar um broche com diamantes incrustados algo bonito, mas um carro esporte forrado de diamantes algo feio? Com que base tais julgamentos podem ser feitos de maneira racional? Seria verdade que não são opiniões racionais, mas sim reações instintivas ou até mesmo expressões de preconceito? No século XVIII, David Hume disse: "A beleza não é uma qualidade das coisas em si. Existe apenas na mente daquele que as contempla". Dois séculos depois, ninguém menos que Pablo Picasso (1881-1973) explicou como toda a noção de estética o deixava perplexo. "Beleza?", disse ele. "Para mim é uma palavra sem sentido, porque não sei de onde vem seu significado ou para onde leva."

A filosofia da estética provoca uma fascinação infinita, mas como acontece com a filosofia em geral, talvez seja um daqueles casos nos quais, quanto mais se pensa sobre o assunto, menos certeza se tem. É um dilema que Anthony Burgess condensou em *A Mouthful of Air*

(*Um Bocado de Ar*, 1992, sem tradução para o português): "Toda arte preserva mistérios que os filósofos da estética enfrentam em vão".

PENSANDO À FRENTE: FILOSOFIA PRÁTICA

"Que ninguém hesite em se dedicar à filosofia enquanto jovem, nem se canse de fazê-lo depois de velho, porque ninguém jamais é demasiado jovem ou demasiado velho para alcançar a saúde do espírito. Quem afirma que a hora de se dedicar à filosofia ainda não chegou, ou que ela já passou, é como se dissesse que ainda não chegou ou que já passou a hora de ser feliz."[19]

EPICURO, *CARTA SOBRE FELICIDADE A MENECEU* (ENTRE OS SÉCULOS IV E III A.C.)

19 Editora Unesp, 2002. (N.T.)

Sem dúvida, algumas das ideias descritas nestas páginas deram um nó na sua cabeça. Você pode ter pensado: "O que isso tem a ver com a vida real, com a *minha* vida?" O que importa se um cachorro é uma sombra de um cachorro ideal em um mundo diferente ou a manifestação da cachorridade inerente? Como podemos provar de um jeito ou de outro se nascemos com a mente vazia ou já transbordando de conhecimento inato? *Cogito ergo sum*... Como é que é?

Mas por mais que possa parecer desafiadora e distante, a filosofia é também vital. Como discutimos na introdução, somos todos filósofos até certo ponto, tomando decisões o tempo todo baseados em sistemas de crença altamente evoluídos. William James está entre aqueles que traçaram uma ligação direta entre o aparente esoterismo da filosofia e os efeitos práticos do dia a dia. "Finja que pode ser assim", escreveu ele em *The Sentiment of Rationality* (*O Sentimento de Racionalidade*, 1882, sem tradução conhecida para o português), "o homem completo dentro de nós está trabalhando quando formamos nossas opiniões filosóficas. Intelecto, vontade, gosto e paixão cooperam do mesmo modo que em assuntos práticos...".

Escolha, então, os aspectos da filosofia que o interessam. Se ruminar quanto à existência (ou não) da tábula rasa não lhe parece empolgante, talvez os dilemas morais do utilitarismo lhe pareçam mais relevantes. Ou talvez haja algum consolo em Camus enquanto lutamos para dar sentido ao mundo ao nosso redor? A filosofia demanda muito da mente e arma seus praticantes com habilidades inestimáveis, como o pensamento crítico. Mas a filosofia também tem seu impacto na nossa abordagem da vida em um nível prático e do dia a dia. Afinal, é uma busca por conhecimento para ajudar a guiá-lo ao longo da vida e tornar a experiência o mais rica possível. Não precisa "entender" toda a filosofia (e quem entende?), mas tem *alguma coisa* (e, com sorte, *várias* coisas) que ela consegue esclarecer.

De fato, para Hannah Arendt havia virtualmente uma obrigação moral de se participar da filosofia. Como ela disse em *A Vida do Espírito:*

> Se a capacidade de separar certo de errado acabar tendo a ver com a capacidade de pensar, então devemos poder "exigir" esse exercício de qualquer pessoa sã, não importa o quão erudita ou ignorante, inteligente ou burra, possa ser. Kant — nesse sentido, quase sozinho entre os filósofos — se incomodava muito com a opinião comum de que a filosofia é para poucos, precisamente por suas implicações morais.

Neste ponto, é claro, você já deve ter percebido que a filosofia raramente dá respostas simples ("Tornar-se inteligível é um suicídio para a filosofia", comentou certa vez Martin Heidegger). Podemos dizer que a própria essência de toda a filosofia é investigar mistérios, sabendo muito bem que podemos nunca encontrar a solução, mas que a investigação por si só vale o esforço. Então, o verdadeiro filósofo não se preocupa muito com encontrar a resposta e vencer a discussão, mas sim com tornar a vida mais gratificante ao trazer luz para onde antes havia escuridão. Como Cícero postulou tão elegantemente em suas *Discussões Tusculanas* (século I a.C.): "Ó filosofia, guia da vida! Ó examinadora das virtudes e exorcista dos vícios! O que teríamos nós e todas as eras do homem feito sem ti?".

Conheça outros livros do selo Culturama Plural

PENSANDO COMO SIGMUND FREUD

Daniel Smith

A obra de Sigmund Freud, um dos pensadores mais importantes dos últimos duzentos anos, redefiniu os campos da neurologia e psicoterapia e a forma como entendemos a mente humana. A maioria das vertentes da psicanálise pode ainda hoje remontar de volta aos avanços do conhecimento que ele fez tantos anos atrás. *Pensando como Sigmund Freud* examina essas ideias e outras buscando conhecer uma mente acima de tudo: a de uma pessoa que lutou contra as próprias neuroses enquanto tentava entender as dos outros. Descubra como as motivações e filosofias de um homem que ousou enfrentar problemas evitados por outros transformaram o que era um estudo obscuro em uma ciência real. Com este livro, você também pode pensar como o homem que veio a compreender a condição humana melhor do que qualquer outro.

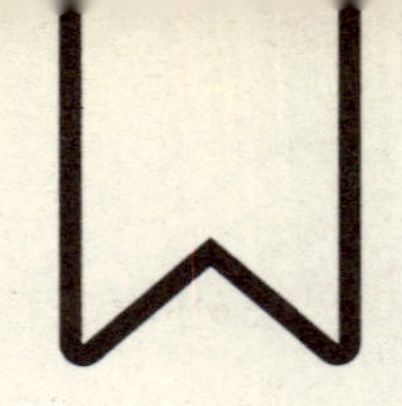

PENSANDO COMO EINSTEIN

Daniel Smith

Pioneiro da equação mais famosa do mundo, $E = mc^2$, criador do visual de cientista maluco, Albert Einstein, por meio de seu trabalho, transcendeu a Física para mudar nossa forma de enxergar o universo. Sem sua revolucionária contribuição para a relatividade e a física quântica, nosso conhecimento sobre o cosmos — em nível tanto micro quanto macro — poderia estar décadas defasado quando comparado ao que é hoje. Este livro inspirador convida você a explorar a singular abordagem de Einstein à resolução dos maiores mistérios científicos de sua época e traça as ideias e influências díspares que ajudaram a moldar sua personalidade e perspectiva, decodificando-as para revelar como aplicar seus métodos e suas práticas a todas as áreas da vida. Você também poderá aprender a pensar como o homem cujo nome veio a significar "gênio".

PENSANDO COMO BILL GATES

Daniel Smith

Maior empreendedor de sua geração, Bill Gates ajudou a lançar a era moderna da computação pessoal, mudando para sempre nossa forma de trabalhar e se informar. Gates fundou a Microsoft em 1975. Na época do lançamento da primeira versão do sistema operacional Windows, em 1985, ele já tinha transformado sua empresa em uma das mais bem-sucedidas do planeta. Reunindo a filosofia e as habilidades, aprimoradas ao longo dos anos, do mais renomado gênio da tecnologia da informação, este livro inspirador convida você a explorar a maneira diferenciada com que Gates aborda a computação e os negócios. Voltando ao passado na intenção de traçar as ideias e as influências que contribuíram para moldá-lo, esta obra revela como você pode aplicar os métodos de um grande empresário a todas as áreas de sua vida.

PENSANDO COMO UM EMPREENDEDOR

Daniel Smith

Pensando como um empreendedor aprofunda-se nas ideias e estratégias dos maiores empresários do mundo para que você possa aprender o que faz com que alguém seja um empreendedor de sucesso. Trazendo histórias, experiências e ideias de empreendedores icônicos de todo o mundo e diversas épocas – de Andrew Carnegie e Oprah Winfrey a Steve Jobs e Jack Ma – o livro está repleto de conselhos perspicazes e intelectualmente instigantes. Cada capítulo trata de um aspecto específico do empreendedorismo e traz lições que você pode aprender com os grandes, como: para crescer, é preciso pensar grande; aproveite seu momento, não tenha medo de causar disrupção; e dinheiro não é o único indicativo de sucesso. Informativo e educativo, este livro é sua passagem para compreender como se forma um empreendedor de sucesso – para que possa seguir os passos deles.

PENSANDO COMO CHURCHILL

Daniel Smith

Uma das grandes figuras da história moderna, Winston Churchill liderou seu país da hora mais sombria — isolado e enfrentando uma possível invasão — até o auge, enquanto dava ao mundo o tempo e o espaço necessários para derrotar os exércitos de Hitler. Este livro inspirador convida você a explorar a abordagem única de Churchill para lidar com os profundos desafios políticos de sua época e traça as ideias e influências díspares que ajudaram a moldar sua personalidade e perspectiva, decodificando-as para revelar como você pode aplicar seus métodos e práticas a todas as áreas da vida. Você também poderá aprender a pensar como o homem que ganhou a reputação de maior britânico que já existiu.

PENSANDO COMO OBAMA

Daniel Smith

Uma das figuras mais influentes da história recente, Barack Obama saiu do relativo anonimato para vencer as eleições presidenciais de forma impressionante. Sua mensagem de esperança e mudança revigorou a política global e reconectou milhões a um sistema pelo qual havia muito se sentiam ignorados. *Pensando como Obama* revela as motivações, inspirações e filosofias por trás do quadragésimo quarto presidente dos Estados Unidos da América, incluindo seus pensamentos sobre liderança, inovação, superação de obstáculos e combate à desigualdade, bem como citações dele e sobre ele. Com este livro, você também pode aprender a pensar como o presidente com quem mais o público se identificou em todos os tempos.

PENSANDO COMO DA VINCI

Daniel Smith

Leonardo da Vinci foi o arquétipo do Homem da Renascença. O alcance e a profundidade de suas realizações – da arte à ciência e muito entre as duas – permanecem inigualáveis mais de quinhentos anos depois de sua morte. Examinando sua filosofia de vida e analisando as habilidades que o homem mais talentoso da história lapidou cuidadosamente ao longo de anos, este livro inspirador convida você a explorar a forma nada convencional de Leonardo da Vinci abordar criatividade, artes e pesquisa científica. Traçando o caminho de volta até os conceitos e influências que o moldaram no século XV, vamos revelar como você, hoje, pode empregar em todas as áreas de sua vida os métodos de um dos indivíduos mais brilhantes que já pisou na Terra.

PENSANDO COMO MANDELA

Daniel Smith

Um dos líderes mais respeitados da era moderna, Nelson Mandela inspirou gerações de políticos, pensadores e pessoas comuns em todo o mundo. O ex-Presidente da África do Sul, ativista e estadista ancião foi preso em 1962, condenado por conspiração contra o governo, ficando atrás das grades por 27 anos. Após uma campanha global que assegurou sua liberdade em 1990, ele forjou uma carreira política que viu o fim do regime do apartheid em seu país. Após a presidência, dedicou sua vida à erradicação da pobreza e desigualdade e à reconciliação racial. Este livro inspirador reúne a filosofia e os ideais de Mandela, mostrando como podemos aplicá-los em todas as áreas da vida. Ao conhecer o que inspirou Mandela, além de frases de e sobre esse grande homem, o volume conta a história de como a vida e o trabalho de Mandela moldaram suas ações, inspirando-nos a ver o mundo a partir dos olhos de um gênio visionário.

A REVOLUÇÃO DOS BICHOS

George Orwell

Uma das grandes distopias escritas no século passado, e uma das obras mais famosas do escritor inglês George Orwell, *A Revolução dos Bichos* é uma fábula que narra uma granja cujos animais se revoltam contra o domínio do homem e assumem o comando. Governados pelos porcos, os moradores, depois de expulsarem o seu dono, precisam se organizar para produzir alimento e fazer com que tudo continue funcionando. A ideia principal do motim é introduzir a igualdade entre todos os animais. Contudo, conforme o tempo passa, eles vão descobrir que uns são mais iguais que os outros, e a tirania imposta pode ser pior do que o que viviam no passado.

O MÁGICO DE OZ

L. Frank Baum

Dorothy e seu cachorrinho Totó viviam em uma fazenda no Kansas, quando um ciclone os transportou para a Terra de Oz. Por lá, ao percorrer o famoso caminho de tijolos amarelos, se depararam com muitas aventuras e com a magia de bruxas, magos e sapatos. Nessa jornada em busca de uma solução para voltar para casa, a dupla vai fazer novos amigos – como o Espantalho, o Lenhador de Lata e o Leão Covarde – e se unir a eles para realizar seus próprios sonhos e desejos.

POLLYANNA

Eleanor H. Porter

Pollyanna era apenas uma garotinha de 11 anos quando foi morar com a sua tia, a srta. Polly, após o falecimento de seu pai. Órfã, ficou evidente, ao chegar na sua nova morada, que ela procurava ficar contente com tudo – mesmo quando sua tia, apesar de rica e morar em uma mansão, lhe concedia apenas um sótão austero como quarto. Aliás, ela havia aprendido o jogo do contente com seu pai, no qual era necessário encontrar algo pelo qual ficar feliz em qualquer situação, e passou a ensiná-lo a todos que encontrava, como ao solitário sr. John Pendleton, ou à doente e amargurada sra. Snow. Aos poucos, a ingenuidade, o otimismo e o encantamento de Pollyanna começam a contagiar a vizinhança, provando que a vida é bela e há felicidade em tudo o que se vê, basta que, para isso, enxergue-se o lado bom das coisas, das situações e das pessoas.

O PEQUENO PRÍNCIPE

Antoine de Saint-Exupéry

Um dos livros mais conhecidos do mundo, *O Pequeno Príncipe* é um clássico escrito pelo francês Antoine de Saint-Exupéry em 1943. A história narra as aventuras de um inocente menino que vive em um pequeníssimo planeta, até o momento em que vem parar na Terra. Aqui, ele encontra um piloto que tenta consertar o seu avião para poder sair do deserto, onde caiu. Na obra, o pequeno príncipe vai contar como deixou para trás a sua rosa, que lhe era preciosa, e como passou por outros planetas, conhecendo estranhas pessoas grandes. De uma forma sensível e poética, a narrativa nos conduz a muitas reflexões pertinentes sobre a felicidade, a beleza da vida e o que deixamos para trás ao crescer.

SENHORA

José de Alencar

Um dos mais famosos romances brasileiros, *Senhora* narra uma história de amor repleta de percalços devido ao dinheiro. Aurélia Camargo era apenas uma moça pobre quando se apaixonou por Fernando Seixas, e aceitou ser sua noiva. Porém, ele a deixou em busca de um dote maior que permitisse levar uma vida de ostentação. Quando, contudo, Aurélia recebe uma inesperada herança e torna-se milionária, ela irá atrás deste amor em busca da reparação da honra do homem a quem entregou o seu coração.

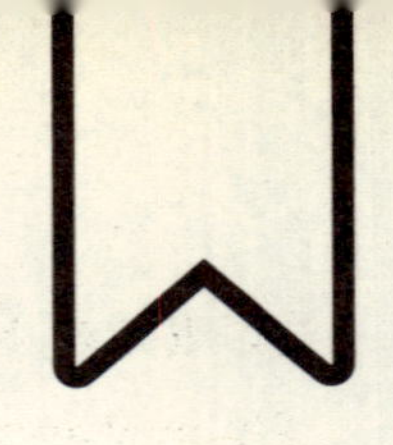

24 HORAS NA ANTIGA ATENAS

Philip Matyszak

Volte no tempo para a Atenas da Antiguidade e passe um dia com as pessoas que viveram lá. É 416 a.C., e Atenas está no auge: seu poderio político e militar é temido em todo o Mundo Antigo, ao mesmo tempo em que a cidade testa os limites da experimentação social, literária e filosófica. Ao longo de um dia comum, encontramos 24 atenienses típicos —da menina escrava ao político; da vendedora de peixe ao pintor de vasos; do cavaleiro ao médico — e descobrimos como era a verdadeira Atenas, passando uma hora com cada um deles. Descubra os segredos do simpósio grego, os mistérios das acólitas da deusa Atena, como amaldiçoar um rival e as intrigas entre Atenas e seus inimigos, enquanto a cidade paira à beira da guerra fatídica que destruirá sua era de ouro.

24 HORAS NA ROMA ANTIGA

Philip Matyszak

Volte no tempo até a antiga Roma e passe um dia com as pessoas que lá viveram. Em 137 d.C., Roma está perto do apogeu de seu poder. Riqueza e prosperidade abundam no império e a cidade é um símbolo de cultura e aprendizado. Neste livro descobrimos como era um dia em Roma, passando vinte e quatro horas com as pessoas da cidade. A cada hora, conhecemos um romano diferente — de senadores a escravos, de sacerdotisas a prostitutas, de vigias a lavadeiras — e construímos uma imagem de muitas camadas do tecido social de Roma. Descubra o que acontecia se uma Virgem Vestal não era casta e por que era ilegal consultar um astrólogo a respeito do imperador — e conheça a verdadeira Roma, em um dia — recorrendo à mais importante fonte sobre a cidade: sua gente.

24 HORAS NO ANTIGO EGITO

Philip Matyszak

Volte no tempo para o Egito antigo para passar um dia com as pessoas que moravam lá. É 1414 a.C., o 12º ano do reinado de Amenotepe II, na XVIII Dinastia do Novo Reino do Egito, e época de construção do império. Neste livro, você descobrirá como era um dia no Egito antigo, passando 24 horas com o povo de Tebas, uma das capitais políticas e religiosas mais importantes do país. A cada hora, você encontrará um egípcio diferente – de fazendeiros a soldados, de carpideiras profissionais a parteiras, de construtores a sacerdotes – e descobrirá as várias camadas da sociedade egípcia. Descubra os perigos de se desenhar um hieróglifo incorretamente, como as gorduras de íbex e de hipopótamo podem curar a calvície e conheça o verdadeiro Egito antigo através dos olhos de seu povo.

24 HORAS NA CHINA ANTIGA

Dr. Yijie Zhuang

O ano é 17 d.C. A Dinastia Han está no poder e estamos nos arredores de Chang'an, a capital e uma das regiões mais desenvolvidas do Império Chinês, que desfruta de um apogeu econômico e cultural prolongado. É uma era vibrante e inovadora, mas também repleta de conflitos e contradições. Por mais bem-sucedido que seja o império, a realidade é que a vida dos habitantes comuns ainda tem os mesmos problemas antigos: ganhar dinheiro, problemas no trabalho e dramas familiares. Descubra como era um dia na China Antiga ao passar 24 horas com as pessoas que lá viviam. A cada hora, conhecemos uma nova pessoa — de dançarinas a médicos, sacerdotes e condenados, tecelãs e ladrões de tumbas — e construa uma imagem multifacetada do tecido social da China Antiga e desse período fascinante da história.